普通高等教育电子科学与技术特色专业系列教材

薄膜物理与电子技术

主编 梁继然

科学出版社

北京

内 容 简 介

本书针对电子科学与技术、集成电路设计与集成系统的专业特点和需求,将现有的薄膜科学技术发展前沿成果与薄膜物理基础相结合,围绕集成电路、电子器件的要求,建立包含制备工艺、微纳结构、电学性能在内的完整的知识体系,使学生了解工艺、结构、性能之间的影响关系,引导学生利用薄膜的基础知识解决新的工程技术或科学问题,提升学生进行薄膜工艺设计、薄膜性能探索的能力。

本书可作为普通高等院校电子科学与技术、集成电路设计与集成系统、微电子科学与工程、材料科学与工程等专业高年级本科生、研究生的教材,也可作为从事半导体薄膜材料制备研究和工艺开发的科技工作者和企业工程师的参考书。

图书在版编目(CIP)数据

薄膜物理与电子技术 / 梁继然主编. -- 北京:科学出版社,2024.12. -- (普通高等教育电子科学与技术特色专业系列教材).
ISBN 978-7-03-080821-9

Ⅰ.O484;TN

中国国家版本馆 CIP 数据核字第 20248XY840 号

责任编辑:陈 琪 / 责任校对:王 瑞
责任印制:师艳茹 / 封面设计:马晓敏

科学出版社 出版
北京东黄城根北街 16 号
邮政编码:100717
http://www.sciencep.com

三河市骏杰印刷有限公司印刷
科学出版社发行 各地新华书店经销

*

2024 年 12 月第 一 版 开本:787×1092 1/16
2024 年 12 月第一次印刷 印张:10 3/4
字数:255 000
定价:59.00 元
(如有印装质量问题,我社负责调换)

前　言

薄膜材料与电子技术一直是广大高校重点关注的器件工艺制作的内容，尤其是近年来集成电路、芯片产业的发展受到限制，这一情况更加突出。薄膜形式的材料不仅可以保持材料原有功能并使之强化，而且随着薄膜材料厚度尺寸的减小，薄膜材料显示出了许多新的物理现象，利于新型器件的研发，薄膜是实现集成电路芯片集成度提高，以及器件小型化、智能化的材料基础。薄膜技术的发展日新月异，要想提高学生培养的质量，应该将基础知识与学科前沿结合。在薄膜技术方面，加快建设国家战略人才力量，符合党的二十大报告提出的要求。薄膜电子技术中涉及多种薄膜制备方法，是一门实践性较强的课程，要加深学生的理解，应该将基础理论和实践应用相结合。

本书从气相分子运动、制备过程工艺影响、性能影响规律的角度，丰富在理论分析和推导方面的内容，要求对物理过程与意义描述清楚，避免形成纯理论公式的推导，做到物理基础和简单通俗描述的结合。

本书将现有的薄膜科学技术发展前沿成果与薄膜物理基础相结合，引导学生思考如何利用薄膜的基础知识解决新的工程技术或科学问题；将基础知识和学科前沿、基础理论和实践应用相结合，描述工艺-结构-电学性能完整的知识体系。

本书在涉及薄膜制备技术的章节中，添加新出现的薄膜制备技术，如脉冲激光沉积、原子层沉积、分子束外延等；对最新发展动态、制备技术做重点详细的讲解；介绍制备方法的应用环境，每一种制备技术都包含了多种不同的制备方法，建立制备方法之间的逻辑关联性，使学生掌握它们各自的特点；明确给出物理气相沉积和化学气相沉积的关键区别，使学生容易理解。

本书将薄膜的制备工艺技术和薄膜的结构与电学性能结合起来，加入当前使用最为广泛的薄膜结构分析方法、电学性能分析方法，同时在结构、性能和薄膜工艺之间建立联系，形成反馈，引导学生根据性能的应用需求，进行工艺条件的调节探索。

本书为天津大学"十四五"规划教材，在撰写过程中得到了天津大学的大力资助，同时，还得到了天津大学微电子学院张怡轩、张英福、韩宇、汪平中等硕士研究生的支持，他们在图形绘制、文字校对、资料查找方面给予了大量的帮助，在此表示感谢。

由于作者的经验、水平和知识有限，本书难免存在疏漏之处，欢迎读者批评指正。

作　者

2024 年 12 月

目　　录

第 1 章　薄膜的概念及应用 ……………………………………………………………… 1
　1.1　薄膜技术的发展历史及薄膜的定义 ………………………………………………… 1
　1.2　薄膜的特点 …………………………………………………………………………… 4
　1.3　薄膜的分类及用途 …………………………………………………………………… 5
　　　1.3.1　电学薄膜 ……………………………………………………………………… 5
　　　1.3.2　光学薄膜 ……………………………………………………………………… 6
　　　1.3.3　力学薄膜 ……………………………………………………………………… 7
　　　1.3.4　有机分子薄膜 ………………………………………………………………… 8
　1.4　学习薄膜技术的意义 ………………………………………………………………… 9
　习题 ……………………………………………………………………………………… 10

第 2 章　真空技术基础 …………………………………………………………………… 11
　2.1　真空的定义与真空区域划分 ………………………………………………………… 11
　　　2.1.1　真空的定义及单位 …………………………………………………………… 11
　　　2.1.2　真空区域的划分 ……………………………………………………………… 12
　2.2　稀薄气体的基本性质 ………………………………………………………………… 13
　　　2.2.1　气体分子的速率分布 ………………………………………………………… 14
　　　2.2.2　平均自由程 …………………………………………………………………… 15
　　　2.2.3　碰撞次数与余弦散射律 ……………………………………………………… 16
　2.3　真空的获得 …………………………………………………………………………… 18
　　　2.3.1　机械泵 ………………………………………………………………………… 20
　　　2.3.2　扩散泵 ………………………………………………………………………… 22
　　　2.3.3　分子泵与罗茨泵 ……………………………………………………………… 23
　2.4　真空的测量 …………………………………………………………………………… 24
　　　2.4.1　热偶真空计 …………………………………………………………………… 24
　　　2.4.2　电离真空计 …………………………………………………………………… 25
　习题 ……………………………………………………………………………………… 27

第 3 章　真空蒸发镀膜 …………………………………………………………………… 28
　3.1　真空蒸发镀膜的原理 ………………………………………………………………… 28
　　　3.1.1　真空蒸发的特点与蒸发过程 ………………………………………………… 28
　　　3.1.2　饱和蒸气压和蒸气压方程 …………………………………………………… 30
　　　3.1.3　蒸发速率 ……………………………………………………………………… 31
　3.2　蒸发源的蒸发特性及膜厚分布 ……………………………………………………… 32

3.2.1　点蒸发源 …………………………………………………………… 33
　　3.2.2　小平面蒸发源 ………………………………………………………… 34
　　3.2.3　实际蒸发源的特性 …………………………………………………… 35
3.3　蒸发源的类型 ……………………………………………………………………… 36
　　3.3.1　电阻蒸发源 …………………………………………………………… 36
　　3.3.2　电子束蒸发源 ………………………………………………………… 39
　　3.3.3　高频感应蒸发源 ……………………………………………………… 42
3.4　合金及化合物的蒸发 ……………………………………………………………… 42
　　3.4.1　合金的蒸发 …………………………………………………………… 42
　　3.4.2　化合物的蒸发 ………………………………………………………… 44
3.5　薄膜厚度的分类与测量 …………………………………………………………… 48
　　3.5.1　薄膜厚度的分类 ……………………………………………………… 48
　　3.5.2　薄膜厚度的测量 ……………………………………………………… 50
习题 ………………………………………………………………………………………… 52

第4章　溅射镀膜 …………………………………………………………………………… 53
4.1　溅射镀膜的定义与特点 …………………………………………………………… 53
4.2　溅射的基本原理 …………………………………………………………………… 55
　　4.2.1　辉光放电 ……………………………………………………………… 55
　　4.2.2　溅射特性 ……………………………………………………………… 60
　　4.2.3　溅射镀膜过程 ………………………………………………………… 67
　　4.2.4　溅射机理 ……………………………………………………………… 71
4.3　溅射镀膜类型 ……………………………………………………………………… 72
习题 ………………………………………………………………………………………… 82

第5章　化学气相沉积 ……………………………………………………………………… 83
5.1　化学气相沉积的概念与基本原理 ………………………………………………… 83
　　5.1.1　化学气相沉积的概念 ………………………………………………… 83
　　5.1.2　CVD法的基本原理 …………………………………………………… 83
　　5.1.3　CVD法制备薄膜的主要阶段 ………………………………………… 85
　　5.1.4　CVD法的反应类型 …………………………………………………… 85
5.2　化学气相沉积的特点 ……………………………………………………………… 87
5.3　化学气相沉积法的分类 …………………………………………………………… 88
习题 ………………………………………………………………………………………… 96

第6章　溶液镀膜 …………………………………………………………………………… 97
6.1　化学镀 ……………………………………………………………………………… 97
6.2　溶胶-凝胶法 ………………………………………………………………………… 98
6.3　阳极氧化法 ………………………………………………………………………… 100
6.4　LB膜的制备方法 …………………………………………………………………… 101
习题 ………………………………………………………………………………………… 104

第7章 薄膜的形成机理 ··· 105
  7.1 凝结的形成 ··· 105
    7.1.1 吸附过程 ··· 105
    7.1.2 表面扩散过程 ·· 107
    7.1.3 凝结过程 ··· 108
  7.2 核形成与生长 ··· 110
    7.2.1 核形成与生长的物理过程 ·· 111
    7.2.2 核形成理论 ··· 111
  7.3 薄膜形成过程与生长形式 ·· 119
  7.4 溅射薄膜的形成过程 ··· 122
    7.4.1 阴极溅射法制备薄膜与真空蒸发法制备薄膜的不同 ························ 122
    7.4.2 实验现象观察 ·· 123
    7.4.3 溅射薄膜的形成过程概述 ·· 123
  习题 ·· 125

第8章 薄膜结构、缺陷与表征 ··· 126
  8.1 薄膜的结构 ··· 126
    8.1.1 薄膜的组织结构 ·· 126
    8.1.2 薄膜的晶体结构 ·· 128
    8.1.3 薄膜的表面结构 ·· 129
  8.2 薄膜的缺陷 ··· 133
  8.3 薄膜成分与结构分析技术 ·· 135
  习题 ·· 146

第9章 薄膜的电学性质 ··· 147
  9.1 块状金属的导电性质 ··· 147
  9.2 连续金属膜的导电性质 ·· 149
  9.3 不连续金属膜的导电性质 ·· 153
  9.4 薄膜的电学性能测量 ··· 157
  习题 ·· 159

参考文献 ··· 160

第 1 章　薄膜的概念及应用

　　材料、能源和信息是人类社会发展的三大支柱，是当前公认的新技术革命的基础。材料在人类发展史上起着十分重要的作用，是社会进步的物质基础与先导，材料性能的突破是其他技术变革的前提。一种新材料的出现，往往会引起生产工具的革新和生产力的大幅度提高，把人类改造自然的能力提高到一个新的高度，给社会生产力和人类生活带来巨大变化。可以说，人类的文明史也就是材料的进步史。现代科学的发展和技术的进步更是离不开材料及其技术的发展，一个国家材料的品种、数量和质量，已经成为衡量该国科学技术、国民经济水平和国防力量的重要标志。随着科学技术的不断发展，材料的性能也被提出了更高的要求，这也促使了新型的材料层出不穷。

　　薄膜是人们采用特定的方法，在固体表面沉积或制备的性能优于体材料的物质薄层，厚度远小于其长度和宽度，是材料存在的一种特殊物质形式。薄膜在日常生活中随处可见，既包括人眼可观察到厚度的薄膜，如塑料薄膜、金属箔、涂层膜等；也包括人眼不可分辨厚度的薄膜，如光学镜头上的增透层、半导体器件中的绝缘层、导电层等。

　　几乎任何物质都可以制作成薄膜的形式，它在厚度方向上的表面、界面，使物质连续性发生中断，由此使得薄膜材料在电学、光学、热学及力学等性能上产生了与块状材料不同的性能，往往具有特殊的性能或性能组合。因此，薄膜材料受到了前所未有的重视。

　　作为特殊形态材料的薄膜，由于尺度小、性能优异、易于集成，已成为使现代信息系统微小型化、集成化和智能化得以实现的重要基础。芯片是由大量的晶体管构成的集成电路，薄膜技术在集成电路芯片制造中起着不可替代的作用，包括增强性能、隔离和控制元件、保护芯片等。随着科技的飞速发展，人们对芯片的需求不断增加，作为先进智能科技的核心组成部分，芯片在人工智能与机器学习、物联网、6G 通信技术、消费电子、工业控制等多个领域中都发挥着至关重要的作用。

　　新型薄膜材料对当代高新技术起着重要作用，是国际上科学技术研究的热门学科之一。开展新型薄膜材料的技术研究，直接关系到信息技术、微电子技术、计算机科学等领域的发展方向和进程。新型薄膜的发展取决于人们对先进薄膜材料、先进成膜技术和薄膜结构的控制，以及对薄膜的物理、化学行为的深入研究。目前，对薄膜材料的研究正在向多种类、高性能、新工艺等方面发展，其基础研究也在向分子层次、原子层次、纳米尺度、接管结构等方向深入。新型薄膜材料的应用范围正在不断扩大。

1.1　薄膜技术的发展历史及薄膜的定义

　　薄膜技术是薄膜制备、测试等各种相关技术的总称，薄膜技术逐渐演变成一门学科，通常称为薄膜科学与技术，其已成为当前科学研究的前沿和热点，以及新技术产业中新兴固体高科技产业的源泉。随着科学技术的不断发展，薄膜技术也在不断演进和完善。到目前为止，薄膜技术的发展主要经历了以下 5 个阶段。

1) 薄膜技术的初期阶段

这一阶段可以追溯到 20 世纪 40 年代，当时主要应用于铝箔包装和银镜制造。这时的薄膜主要依靠机械拉伸和卷制工艺完成，技术水平相对较低。20 世纪 50 年代，随着塑料材料的提出和工艺的改进，薄膜技术得以进一步发展。在这一阶段，薄膜材料制备开始使用挤出工艺、压延工艺和铸膜工艺，薄膜的生产速率和质量得到了提高。

2) 真空薄膜沉积的阶段

20 世纪 60 年代，在薄膜技术中开始引入真空技术，在真空环境下进行薄膜材料的沉积和改性。真空薄膜沉积是一种将材料以气相原子或分子的形式沉积到基片表面上形成薄膜的技术。这种技术可以通过物理和化学方法实现，如真空蒸发镀膜法、溅射镀膜法、离子束沉积镀膜法等。真空薄膜沉积技术的引入使得薄膜的厚度和复杂度得到了进一步提高，同时也使薄膜的质量得到了提升，为后续的应用奠定了基础。

3) 薄膜的图形化阶段

20 世纪 70 年代，随着微电子技术和半导体工业的迅猛发展，薄膜技术得到了广泛的应用和关注。在这一阶段，薄膜技术开始应用于光刻、化学蚀刻、离子注入等微电子加工工艺中，用于制作电路板、光刻掩膜和光刻胶等部件。这一时期也出现了一系列新的薄膜材料，如氧化铝、氮化硅等。20 世纪 80 年代，薄膜技术在光学领域得到了广泛的应用。薄膜用于制作光学滤波器、反射镜、传感器等光学元件。这一时期，薄膜技术的研究重点逐渐转向光学材料的研发和薄膜的光学性能的提高。

4) 纳米及亚纳米薄膜阶段

20 世纪 90 年代至今，随着纳米科技的兴起和发展，薄膜技术进入了纳米尺度薄膜的制备阶段，即薄膜材料的厚度或薄膜内的颗粒尺寸低于 100nm。纳米薄膜技术主要应用于能源材料、生物医学、纳米电子等领域。新的制备方法和设备的出现，如原子层沉积、自组装等，使得薄膜的厚度更加精细并且具备纳米级的结构。

5) 智能薄膜阶段

智能材料是 20 世纪 90 年代迅速发展起来的一种新型的复合材料，智能薄膜材料也相应出现。智能薄膜材料是一种对外部刺激具有响应性能的材料，其本质是光、电、热、机械等能量形式与材料结构的相互作用，通过这种相互作用，实现了对外部刺激的响应，当外部刺激消除后，能够迅速恢复到初始状态。智能材料可以分为多种类型，如显示型智能材料、传感型智能材料、光学调制型智能材料、声波吸收型智能材料等。既有单一属性的智能薄膜，也有复合属性的智能薄膜。

随着薄膜技术的发展，出现了多种的薄膜制备技术，包括气相沉积、液相沉积，其中气相沉积包括物理气相沉积和化学气相沉积，液相沉积则包括化学反应沉积、溶胶-凝胶(Soul-Gel)法、朗谬尔-布洛杰特(LB)法等，它们在科学研究、实际应用中都具有各自优势。例如，太阳能电池薄膜材料、柔性薄膜材料、纳米薄膜材料等新兴领域逐渐成为研究的热点，在这些研究领域中，薄膜材料的制备技术都占据着重要的位置，是创新发展的重要来源。未来,随着科技的深入发展,薄膜技术很可能在更多领域得到应用并产生更大的影响。

通过对上述制备方法的总结与分析,可以得出薄膜的定义:通过物理过程或者化学/电化学反应,使原子、分子或离子受控地凝结于一固态支撑物(可称为基片)表面,所形成的薄层固体材料称为薄膜或固态薄膜。在这一定义中,所有的气相、液相薄膜制备方法都被包含在定义的范畴内。薄膜的厚度通常都很小,当薄膜的厚度达到纳米量级,也就是100nm以下时,通常称为纳米薄膜。

气相沉积技术在芯片与各种电子元器件的制造过程中经常被用到,图1-1为物理气相沉积方法制备薄膜过程的示意图,块状固体材料经过轧制的工艺形成所需要的圆片源材料(称为靶材),然后通过一定的条件(加热或动量转移),将源材料表面的原子发射出来,形成气相原子,然后气相原子经过输运,运动到基片表面,被吸附下来,在基片表面做扩散运动,通过原子之间的碰撞结合,逐渐形成小岛状结构,随着吸附原子数量的增加,小岛逐渐被连接起来,在基片表面形成连续的薄膜。通过图1-1可以更加深入地理解薄膜的定义。

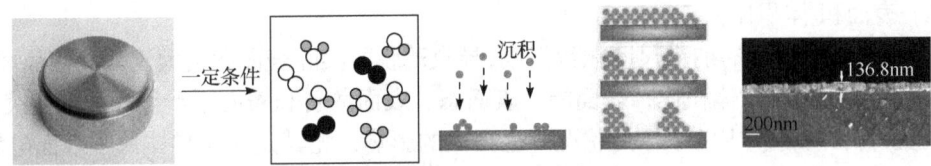

图1-1 物理气相沉积方法制备薄膜示意图

薄膜科学与技术是指将固体的块状材料、气体或液体材料制成其薄膜形态,并对其性能进行测试的工艺和技术,是一门交叉学科,涉及的学科包括真空技术、材料科学、固体物理、半导体物理、表面科学等。薄膜科学与技术研究的主要内容包括以下几点。

(1) 如何使某一物质(可以是固态、液态或气态)成为固态薄膜状态,即研究薄膜的制备技术及其生长原理,是薄膜科学与技术关注的核心内容。块状材料的薄膜化是实现器件小型化、多功能化、智能化的基础,通过调控制备过程中的工艺条件,对薄膜的成分、结构、形貌等性能进行调节,进而获得所需的薄膜材料。研制新型的薄膜制备技术,获得尺度更小、均匀性更强的薄膜材料,也是薄膜科学与技术关注的内容。

(2) 研究薄膜材料新的特性(包括电、热、声、光、磁、力等)及这些特性的物理本质。薄膜是固态物质的一种存在形式,在厚度上远小于其长度和宽度,随着薄膜的厚度从微米尺度逐渐降低到纳米甚至亚纳米尺度,出现了许多新的电学、热学、声学、光学、磁学及力学等特性,这些新的特性的发现和研究是薄膜科学与技术关注的重要内容,特别是人工微结构的出现,将薄膜形式的材料和微纳结构相结合形成了超表面、超材料、超晶格等结构,导致薄膜出现了材料本身所不具备的性能,同时性能也获得了极大的提升,成为了科学研究关注的热点。

(3) 如何把这些薄膜材料应用于各个领域,尤其是应用于高新科技领域,是制作成新型的高性能和多功能器件的关键。根据不同的领域对于薄膜材料的要求,通过调整制备工艺条件和参数，改变薄膜材料的成分、结构、内部缺陷、表面形态等，进而获得所需的性能，建立薄膜制备工艺-材料结构-器件性能之间的构效关系，使其得到更好的应用。

1.2 薄膜的特点

薄膜，尤其是纳米薄膜，可以是由大量纳米颗粒构成的多晶薄膜或非晶薄膜，也可以是具有周期晶格结构的单晶薄膜，但是它们通常具有厚度小、表面积/体积比大、量子尺寸效应和界面隧穿效应、异常结构和非理想化学计量比特性、具有内应力、易于实现多层膜结构等特点。

1) 厚度小

薄膜的厚度一定是远小于其长度和宽度的，随着对薄膜性能和器件集成度的要求越来越高，薄膜的厚度逐渐由微米量级向着纳米量级甚至亚纳米量级转变，在现在的新型器件中，通常会利用纳米尺度所带来的新颖效应提升器件的性能，因此薄膜的厚度一般都小于100nm，甚至更薄。

2) 表面积/体积比大

薄膜通常由大量的纳米尺度颗粒组成，导致薄膜的实际表面积远大于其几何表面积，具有非常大的表面积/体积比，表面能、表面态、表面散射和表面干涉等表面效应突出，表面能级将会对薄膜内电子输运状况产生很大的影响，尤其是对半导体薄膜表面电导和场效应产生很大的影响，从而影响半导体器件的性能，这种大的表面积/体积比对于提升基于半导体氧化物的电阻型气敏传感器的性能有很大的帮助。

3) 量子尺寸效应和界面隧穿效应

薄膜的厚度很小，将在厚度的方向上对电子的输运产生影响。薄膜的量子尺寸效应是指当薄膜的厚度减小到纳米量级时，其电子能级由准连续变为离散的现象。这种现象主要源于薄膜的厚度接近电子的德布罗意波长，导致电子在薄膜的厚度方向上受到限制，系统的能量不再随薄膜的厚度连续变化，而是表现出量子化的离散特性。通过精确控制薄膜的厚度和结构，可以调控其物理性能，从而满足不同的应用需求。量子薄膜材料的应用前景非常广阔，如在太阳能电池中提高光电转换效率、在传感器和执行器领域提供更高的灵敏度和响应速率。

隧穿效应是由微观粒子的波动性决定的量子效应。当粒子遇到一个高于其能量的势垒时，按照经典力学，粒子是无法越过势垒的；但按照量子力学，粒子有一定的概率贯穿势垒。这种现象在半导体材料中尤为显著，当势垒的厚度与载流子的德布罗意波长相近时，隧穿效应尤为明显。薄膜的界面隧穿效应是指在薄膜材料中，含有大量的晶粒界面，界面势垒比电子能量要大得多，根据量子力学知识，电子或空穴通过量子隧穿效应穿过势垒层的现象。这种效应在微电子学和纳米技术中具有重要意义，可以用于设计高性能的电子器件，如隧穿场效应晶体管和磁阻传感器等。

4) 异常结构和非理想化学计量比特性

薄膜与块状物体一样，可以是单晶、多晶、微晶、纳米晶、多层膜、超晶格膜等。

薄膜的制备多属于非平衡状态的形核过程，薄膜的结构不一定和相图相符。通常规定把与相图不相符的结构称为异常结构。

非理想化学计量比是指化合物薄膜中，化合物的原子或离子的比例不成简单整数比或固定的比例关系。这类化合物在化学组成上偏离了理想的化学计量比，通常是由热缺陷、杂质缺陷或其他外部因素造成的。非理想化学计量比化合物在材料科学和工程中有着重要的应用和科学价值。例如，非理想化学计量比的 $AgSbTe_2$ 化合物在热电材料中表现出优异的性能，其热电优值(ZT)在特定条件下显著提高。此外，非理想化学计量比化合物的研究还揭示了固体结构、稳定性和动力学方面的某些不寻常的信息，对传统的化学概念提出了挑战。

5) 具有内应力

内应力分为两大类，即固有应力(或本征应力)和非固有应力。固有应力来自薄膜中的缺陷，如位错。薄膜中的非固有应力主要来自薄膜对衬底的附着力。由于薄膜和衬底间不同的热膨胀系数和晶格失配，或者由于薄膜与衬底发生化学反应，因此在薄膜和衬底之间形成的金属化合物与薄膜紧密结合，轻微的晶格失配也能把应力引进薄膜。另外，在薄膜中晶粒生长时，部分晶粒间界被移除，因此减小了晶粒间界中多余的体积，也使薄膜和衬底间引入应力。

6) 易于实现多层膜结构

多层膜是将两种以上的不同材料先后沉积在同一个基片上，形成复合膜层结构，也称为复合薄膜或多功能薄膜，用以薄膜的新性能研究，如超晶格结构。超晶格膜是将两种以上不同晶态物质薄膜按 ABAB…排列，相互重叠在一起，每层膜的厚度均为几纳米。这种人为制成的周期结构会显示出一些不同寻常的物理性质。例如，当势阱层的宽度减小到和载流子的德布罗意波长相当时，能带中的电子能级将被量子化，会使光学带隙变宽。这种一维超薄层周期结构称为超晶格结构。不同组分或不同掺杂层的非静态材料也能组成这样的结构，并且具有类似的量子化特性。

1.3 薄膜的分类及用途

薄膜材料按其功能及其应用领域可以分为电学薄膜、光学薄膜、力学薄膜以及有机分子薄膜。

1.3.1 电学薄膜

电学薄膜是指具有优异的导电性能和绝缘性能的薄膜材料。半导体器件和集成电路中使用的导电材料与绝缘介质薄膜材料包括 Al、Cr、Pt、Au、多晶硅、硅化物、SiO_2、Si_3N_4、Al_2O_3 等，导电材料具有大量的电子，导电能力强，用于金属化层互连、接触孔和局部互连，形成电路中的导线；绝缘材料则具有极高的电阻率，可以有效地阻止电流通过，用作栅介质、隔离层和保护层等。

超导现象是指在低于一定温度后，材料的电阻消失的现象。自稀土元素氧化物高温超导现象被发现以来，世界范围内掀起了超导研究热潮，除典型的稀土元素氧化物 YBaCuO 之外，还陆续发现了 BiSrCaCuO 系和 TlBaCuO 系的非稀土元素氧化物超导材料。超导体在电子学方面的美好应用前景鼓舞着人们更加重视超导薄膜的研究，用超导薄膜可以制成微波调制、检测器件，超高灵敏的电磁场探测器件，超高速开关存储器件等。目前研究的重点是提高薄膜的超导参量，制备出结构和参量稳定的超导薄膜。

电学薄膜在敏感元件与固体传感器中也具有广泛的应用，例如，电阻型气敏传感器利用气体与金属氧化物之间的化学反应来改变薄膜材料的电阻，进行气体种类和浓度的识别与探测，其中 SnO_2 薄膜是常用的可燃性气体传感器；ZrO_2 薄膜常用于氧敏感传感器；VO_2 薄膜可用于气体传感器。若将这些传感器件和人工智能相结合，通过机器学习、人工神经网络对氧化物的气体敏感特征进行学习，便可以获得具有高识别功能的智能气体传感器。

薄膜电容因其节能、环保、可再生、效益高的特点，在新能源汽车、风力发电、智能产品等行业具有非常广阔的应用前景，在众多行业中薄膜电容正逐步取代传统电容，薄膜电容产业的优势得到了充分展示。

电学薄膜还可以用于制作薄膜电阻、薄膜阻容网络与混合集成电路，以及薄膜应变电阻与压力传感器。另外，由 Pt、Ni 等金属薄膜与 Co-Mn-Ni 等氧化物薄膜及 SiC 薄膜制成的热敏电阻，利用 Ni-Cr 系列低电阻率材料和 Cr-SiO 系列高电阻率材料制成的金属膜电阻，以及以涤纶薄膜或聚丙烯薄膜为基材(介质)、镀铝膜或镀锌膜为电极制造的薄膜电容等，都属于电学薄膜的应用范畴。薄膜太阳能电池中也用到了导电薄膜材料，特别是非晶硅、$CuInSe_2$、CdSe 以及钙钛矿结构的薄膜太阳电池。

1.3.2 光学薄膜

光学薄膜是指镀制在光学器件或光电子元器件表面的，通过改变光学特性来产生增透、反射、分光、分色、带通或截止等光学现象的各类膜系。光学薄膜包括减反射膜、反射膜、分光镜、变色薄膜等。

减反射膜，又称为增透膜，主要功能是减少或消除透镜、棱镜、平面镜等光学表面的反射光，从而增加这些元件的透光量，减少或消除系统的杂散光。减反射膜是应用最广、产量最大的一种光学薄膜，包括在照相机以及各种光学仪器透镜和棱镜上所镀的单层 MgF_2 薄膜和双层或多层(SiO_2、ZrO_2、Al_2O_3、TiO_2 等)薄膜组成的宽带减反射膜；夜视仪和红外设备的镜头上所用的 ZnS、CeO_2、SiO、Y_2O_3 等红外减反射膜。

反射膜，主要利用薄膜材料增加对光的反射率，反射膜一般可分为两大类：一类是金属反射膜；另一类是全电介质反射膜。金属反射膜的优点是制备工艺简单、工作的波长范围宽；缺点是光损大、反射率不会很高。全电介质反射膜是建立在多光束干涉基础上的。与增透膜相反，在光学表面上镀一层折射率高于基片材料的薄膜，就可以增加光学表面的反射率。最简单的多层反射是由高、低折射率的两种材料交替蒸镀而成的，每层膜的光学厚度为某一波长的 1/4。

人们总是选择光系数较大、光学性质较稳定的金属作为金属薄膜材料。在紫外区常用的金属薄膜材料是铝；在可见光区常用铝和银；在红外区常用金、银和铜。此外，铬和铂也常用作一些特种薄膜的材料，如用于民用镜和太阳灶中抛物面太阳能接收器的镀铝膜、用于大型天文仪器和精密光学仪器的镀膜反射镜。低辐射(Low-E)玻璃具有高的红外反射率，能够直接阻隔红外热辐射。建筑窗户主要是由 Low-E 玻璃构成的，其主要利用玻璃表面镀制的银层膜系，使玻璃的辐射率由 0.84 降低到 0.15 以下，以降低能量吸收或控制室内外能量交换。

分光镜，在光学玻璃表面镀上一层或多层薄膜，通过反射和折射，将投射到镀膜玻璃表面的光束分为两束或更多束具有一定光强比的透射与反射光。分光镜是偏振型光学研究及应用系统的一个重要部件，广泛用于干涉仪。滤光片是用来选取所需辐射波段的光学器件。采用镀膜法交替形成具有一定厚度的高折射率或低折射率的金属-介质-金属膜或全介质膜，构成一种低级次的、多级串联的实心法布里-珀罗干涉仪。这种结构能够实现从紫外到红外波段(波长 λ 为 1~500Å，1Å = 0.1nm)的各种干涉滤光片。

变色薄膜，在玻璃表面镀制的薄膜，可以通过响应外界刺激，改变自身的颜色，实现对太阳光透射量的动态调控，根据外界刺激源的不同，变色薄膜可分为光致变色薄膜、气致变色薄膜、电致变色薄膜和热致变色薄膜。建筑能耗是影响全社会能源安全的重要问题，因为它对整体能耗的贡献超过了 40%，并且产生了大量的温室气体，对环境产生了影响。住宅和商业建筑消耗了全球相当一部分能源，电器和电气设备的运行以及照明、供暖和制冷都属于建筑运行的能源需求。随着城市化和人口增长，对建筑节能的需求不断增加，加剧了当前的能源消耗趋势。

热致变色智能窗将热致变色薄膜镀制在普通玻璃表面，在热刺激作用下产生光学性质的变化，通过调节玻璃窗户的透光率和室内能量向外的热辐射率，从而达到节能效果。热致变色薄膜在外界温度转变后，薄膜自身的颜色不会发生明显的变化，但其近红外波段的透过率会在临界温度附近发生突变，太阳能辐射大多集中在近红外波段，因此这类材料可以在保证采光效果下，满足节能的需求，且以温度作为外界激励，无须额外的激励能耗，与节能智能窗的理念非常契合。在众多无机热致变色薄膜材料中，VO_2 的相变温度是最接近室温的，具有非常大的应用前景。建筑物、汽车等交通工具所用的镀膜玻璃包括用于热带地区的太阳能控制膜(VO_2、Ag 等)和用于寒带地区的低辐射率薄膜(TiO_2-Ag-TiO_2、ITO 薄膜等)，可以起到明显的节能效果。因此，变色薄膜的出现将有助于降低建筑物运行能耗，减少碳排放，对于缓解当前的能源危机和生态环境的破坏具有重要意义。

1.3.3 力学薄膜

力学薄膜是指能够有效抵御外界作用力侵害的薄膜，包括硬质膜、耐腐蚀膜和润滑膜等。硬质膜是指覆于工模具或机械零件表面提高其硬度和耐磨性的覆盖膜层，其显微硬度比工具基材高，一般为 10~30GPa，在提高运转部件表面耐磨性方面具有重要的应用。硬质膜主要包括用于工具、模具、量具、刀具表面的 TiN、TiC 等薄膜，以及金刚石薄膜、C_3N_4 薄膜和 c-BN 薄膜。使具有高硬度的金刚石等材料形成好的薄膜，一直是人们追求的目标。通过对热丝化学气相沉积法生长金刚石的生长环境进行模拟，发现金刚石温度场的不均匀性、热阻塞和热绕流现象是造成金刚石薄膜质量波动和生长速率低的主要原因，通过合理选择反应器结构和生长条件可以控制反应状态参数空间场，实现金刚石薄膜大面积生长，增强其作为硬质膜的应用。

耐腐蚀膜是指金属在介质中发生化学或电化学作用，进而在其表面上生成一层薄的氧化物或盐类，起到耐腐蚀的作用。耐腐蚀膜一般有钝化膜、阳极氧化膜、化学转化膜和高温氧化膜，能够相当程度地阻止同一介质或另外一些介质对金属的腐蚀。钝化膜是指金属在介质中由化学钝化或电化学钝化生成的膜，耐腐蚀性很好，可降低金属腐蚀速率 1~5 个数量级，如铁或不锈钢在硝酸或稀硫酸溶液中生成的钝化膜约为几纳米厚，可降低腐蚀速率 3~5 个数量级；阳极氧化膜是指金属在较高阳极电位下生成的膜，如铝和铝合金在硫酸、草酸或铬酸溶液中阳极氧化生成的表面膜，主要是含水的氧化铝，厚度约为几十微米，经过封闭处理提高其耐腐蚀性；化学转化膜是指金属在一种或数种化学介质中经过适当的化学处理后，在表面生成的本金属或另外一些金属的化合物膜；高温氧化膜是金属材料或涂层处于含氧介质中，在高温下形成的表面氧化膜。金属材料或涂层中活性强的元素，如铝、铬、硅优先氧化形成相应的氧化铝、三氧化二铬、二氧化硅，它们阻碍氧原子向内扩散和基片合金元素向外扩散，能够保护基片，使其成倍地减缓氧化速率。

润滑膜是减少两承载表面间的摩擦磨损作用的材料，薄膜润滑的特征之一是在表观上体现为膜厚很小，需要考虑微粒的尺度效应。可以认为，薄膜润滑在本质上是有序分子起主要作用的一种润滑状态。低速、重载、高温及采用低黏度润滑介质的机械及精密机械中，摩擦副之间的润滑膜常处于十几到几十纳米厚度的薄膜润滑状态，薄膜润滑就是研究这种状态下的润滑性能及机理。润滑膜厚度与表面粗糙度处于同量级，以致润滑特性不仅取决于润滑剂的黏性，还与润滑剂物理化学性质和摩擦表面特性有关。常见的润滑膜包括用于真空、高温、低温、辐射等特殊场合的 MoS_2、MoS_2-Au、MoS_2-Ni 等固体润滑膜和 Au、Ag、Pb 等软金属膜以及石墨烯润滑膜。把含有少量石墨烯的溶液滴到两个钢材的接触面之间，随着接触面之间的相对运动，石墨烯会均匀并且牢牢地附着在整个接触表面，形成一层保护层，可以使其磨损量降低 4 个数量级，摩擦系数减小为原来的 1/6。将经过表面改性的石墨烯微片分散到润滑油基础油或复合添加剂中，可以生产出节能抗磨改进剂，提升润滑质量。

1.3.4 有机分子薄膜

前面提到的薄膜大部分是无机材料形成的刚性薄膜，随着薄膜技术的不断发展，人们已经研制出具有柔性的有机分子薄膜，其为只有单分子厚度的分子膜，有机分子同时具有疏水端与亲水端时，便能在水面上均匀扩散分布，因此可以将极性有机物溶于易挥发的溶剂中，然后滴加到水面上，待溶剂挥发之后，便在液体表面留下一层有机物形成的单层分子膜。通过适当控制成膜物的量，就可得到只有一分子层厚度的有机单分子膜，也可以通过提拉转移的方式将单层的分子转移到基片上，形成单层或多层的分子膜。此外，还可在其他界面(如油/水、固/气、固/液等界面)上形成单分子膜。形成单分子膜的方法也不仅仅是平铺提拉，也可以用吸附法。水面上的单分子膜较易直接进行研究，所得结果比较确切，引出的一般结论也同样适用于其他界面的单分子膜。

有机分子薄膜技术是 20 世纪 30 年代由美国科学家欧文·朗谬尔(Irving Langmuir)及其学生凯瑟琳·布洛杰特(Katharine Blodgett)建立的，因此有机分子薄膜也称为 LB(Langmuir-Blodgett)膜，它是由有机物，如羧酸及其盐、脂肪酸烷基族、染料、蛋白质等构成的分子薄膜，其可以是一个分子层厚度的单分子膜，也可以是多分子层叠加的多层分子膜。多层分子膜可以由同一材料组成，也可以是多种材料的调制分子膜，或称为超分子结构薄膜。有很多单分子材料非常适合在气/液界面形成 LB 膜，包括脂质体、纳米颗粒、高分子聚合物、蛋白质和生物分子。人们利用现代化学工程可以合成几乎任何类型的功能分子。有机分子薄膜在非线性光学、电子器件、半导体器件、场发射器件、光传感器、生物传感器中都具有很好的应用前景。

1.4 学习薄膜技术的意义

薄膜技术是一种应用广泛的材料制备与分析技术，具有很大的发展潜力和广阔的应用前景。薄膜技术是芯片制作过程中的重要工艺，主要进行电极、介质层的制备，同时又从集成电路制作工艺里独立成一门学科——薄膜科学与技术。能源、材料、信息科学是"二十一世纪高新技术革命的先导和支柱"，学习薄膜技术的目的在于理解和掌握薄膜制备、微细加工、成分与结构分析等方面的知识，提升薄膜材料与技术在高新技术领域的应用。

薄膜技术涉及的范围广泛，包括真空技术基础、薄膜制备、微细加工、薄膜材料及应用、薄膜成分与结构分析等方面。这些技术不仅在电子元器件、平板显示器、信息记录与存储、微电子机械系统、传感器、太阳能电池以及材料的表面改性等领域有着重要的应用，而且成为独立的应用技术，对于提高工艺水平具有重要意义。

微电子器件的集成度越来越高，器件尺寸越来越小。20 世纪 40 年代的真空器件尺寸是几十厘米，60 年代的固体器件尺寸是毫米量级，80 年代的超大规模集成电路(VLSI 或 ULSI)中的器件尺寸是微米量级，90 年代的 VLSI 发展为亚微米量级，2000 年的分子电子器件尺寸达到纳米量级。如此的发展趋势要求研究亚微米和纳米的薄膜制备技术，以及利用亚微米和纳米结构的薄膜制造各种功能器件。

在薄膜领域中还存在很多未掌握的技术，例如，真空蒸镀机的匮缺使得高端显示屏的产量受到很大的影响。未来可卷曲、如纸一样轻薄的各类终端屏幕主要选材是有机发光二极管(OLED)，OLED 生产过程最重要的一环就是薄膜材料的蒸镀，工艺难度极高。真空蒸镀机就如同 OLED 面板制程的"心脏"，被日本 Canon Tokki 公司几乎垄断全球 95%的高端市场，业界对它的年产量预测通常为几台到十几台，其重要性类似于芯片领域的光刻机。

学习薄膜技术可以帮助研究人员了解薄膜材料的一些基本特点和在能源、军事等方面的应用，以及一些应用广泛的薄膜材料和前沿的薄膜技术，如光学薄膜中的太阳能薄膜、眼镜镀膜、抗反射膜等。这些知识对于从事相关行业的科技工作者与工程技术人员具有极高的参考价值，同时也是其他感兴趣的读者了解薄膜材料与技术在高新技术中应用的入门内容。

此外,薄膜技术的深入学习还包括对薄膜生长技术的理解,这主要包括物理方法和化学方法,是半导体制造中的重要工艺。通过学习,可以掌握薄膜技术的核心原理和应用,为未来的科研和工业应用打下坚实的基础。

习　题

1. 请简述薄膜的定义。
2. 薄膜具有哪些优异的特性?
3. 请简述薄膜的主要用途。
4. 请简述薄膜对于集成电路芯片的意义。

第 2 章 真空技术基础

当前,集成电路的特征尺寸已经降低至 3nm 的尺度,对薄膜材料的纯度提出了更高的要求。真空蒸发镀膜、溅射镀膜等物理气相沉积是基本的薄膜制备技术,它们均要求沉积薄膜的空间有一定的真空度。真空状态下,沉积空间中的杂质气体分子数减少,可以有效提高薄膜材料的纯度。因此,真空环境是沉积高纯度薄膜材料的基础,获得并保持所需的真空环境是沉积薄膜的必要条件。真空技术是建立低于大气压力的物理环境,以及在此环境中进行工艺制作、物理测量和科学试验等的一种技术。真空技术主要包括真空获得、真空测量、真空检漏和真空应用四个方面,本章主要介绍真空的获得与测量。

2.1 真空的定义与真空区域划分

2.1.1 真空的定义及单位

真空是指低于一个标准大气压的气体空间。气体稀薄的宇宙空间的压力是低于一个大气压的,这样的气体空间是自然真空。而与薄膜电子技术相关的真空,通常是指有限密闭容器中的气体状态,用于表征有限密闭空间内气体的稀薄程度。从定义可以看出,真空是针对大气压而言的,若某一特定空间内部的部分气态物质被排出,使其压力小于一个标准大气压,则称此空间为真空或真空状态。有限的密闭容器或特定空间通常称为真空室。

当真空内气体处于平衡状态时,可以近似看作理想气体,可利用理想气体状态方程描述气体的性质,即

$$P = nkT \quad \text{或} \quad PV = mRT/M \tag{2-1}$$

式中,P 为压强(Pa);n 为气体分子密度(个/m³);V 为体积(m³);M 为气体的摩尔质量(kg/mol);m 为气体质量(kg);T 为热力学温度(K);k 为玻尔兹曼常数(1.38×10^{-23}J/K);R 为普适气体常数(8.314J/(mol·K))。由式(2-1)可得

$$n \approx 7.2 \times 10^{22} P/T (\text{个}/\text{m}^3) \tag{2-2}$$

在标准状态下(T 为 0℃,P 为 101.325kPa),由式(2-2)可知,任何气体分子的密度 $n \approx 2.67 \times 10^{25}$ 个/m³。即便密闭空间的压力降低至 10^{-11}Pa 这样超高的真空时,其内部仍然存在大量的气体分子,目前还无法将密闭空间内的所有气体分子全部排除。因此,真空是相对的,不存在任何气体分子的绝对真空是无法实现的,真空应理解为气体较稀薄的空间。

气体稀薄程度是对真空的一种客观量度，通常采用压强来标识真空度的高低，当真空度高时，压强低；当真空度低时，压强高，采用的计量单位为帕斯卡，简称帕(Pa)，属于国际单位制；托(Torr)、毫米汞柱(mmHg)、巴(bar)也是压强的计量单位，在早期的真空系统的应用很普遍，它们与压强的关系如下：

$$1\text{Torr} = 1\text{mmHg} = 133.322\text{Pa}, \quad 1\text{bar} = 10^5\text{Pa} \tag{2-3}$$

除此之外，还可以用气体分子密度、气体分子平均自由程、形成单分子层的时间来表示真空度。气体分子密度与真空度成反比，气体的分子密度越低，真空度越高；气体分子平均自由程与真空度成正比，气体分子平均自由程越长，真空度越高；形成单分子层的时间与真空度成正比，形成单分子层的时间越长，真空度越高。

2.1.2 真空区域的划分

低于一个大气压的压力范围非常广，已宽达 20 个数量级，不同压力下，气体分子的数量和性能差别很大，为了对真空中气体分子的状态与特性进行研究、分析和应用方面的描述，依据气体分子平均自由程与容器特征尺寸的比值，常把真空划分为低(粗)真空、中真空、高真空和超高真空四个等级，具体压强分布范围和气体分子特性如下。

1. 低(粗)真空($10^5 \sim 10^2$Pa)

在低(粗)真空区域内，气体分子数目多，气态空间的特性和大气差异不大，气体运动以黏稠滞流为主，气体分子仍以热运动为主，分子之间碰撞十分频繁，其平均自由程很短。通常，在此真空区域，使用真空技术的主要目的是获得压力差，而不要求改变气态空间的性质。例如，在薄膜制备系统中，采用压力差的方式把光滑的基片吸附在基片架上，以保持其稳定；同时，也可以利用粗真空获得的压力差来夹持、提升和运输物料，吸走和过滤尘土，如吸尘器、真空吸盘等。

2. 中真空($10^2 \sim 10^{-1}$Pa)

在低真空区域内，每立方厘米内的气体分子数为 $10^{13} \sim 10^{16}$ 个。气体分子密度与其在标准状态下有很大差别，气体中的带电粒子在电场作用下，会产生气体导电现象。气体的流动也逐渐从黏稠滞流状态过渡到分子状态，气体分子的动力学性质明显，气体的对流现象完全消失。随着容器中压强的降低，液体的沸点也大为降低，由此引起剧烈的蒸发，从而实现"真空冷冻脱水"。

在此真空区域内，由于气体分子数减少，分子的平均自由程可以与容器尺寸相比拟，分子之间的碰撞次数减少，而分子与容器壁的碰撞次数大大增加。薄膜制备方法中，溅射镀膜发生在此真空区域内。如果在这种真空状态下加热金属，可基本上避免金属与气体之间的化学作用，因此真空热处理一般都在低真空区域进行。

3. 高真空($10^{-1} \sim 10^{-6}$Pa)

在高真空区域内，气体分子密度进一步降低，容器中分子数很少。分子在运动过程中相互间的碰撞很少，气体分子的平均自由程已大于一般真空容器的线度，绝大多数的分子与器壁相碰撞，分子(或微粒)将按直线方向飞行。由于容器中的真空度很高，容器空间的任何物体与残余气体分子之间的化学作用也十分微弱。在这种状态下，气体的热传导和内摩擦已变得与压强无关。

由于该真空区间内的残余空气分子数已非常少，可以认为已经获得了相对洁净的气体空间，满足气相沉积所需要的背底真空的条件要求，如溅射和真空蒸发。

4. 超高真空($10^{-6} \sim 10^{-9}$Pa)

在超高真空区域内，每立方厘米内的气体分子数在 10^{10} 个以下。分子间的碰撞极少，分子主要与真空室器壁相碰撞，此时气体分子在固体表面上以吸附停留为主。超高真空条件下，可以获得高洁净度表面，能够进行材料的表面物理性能研究；一般忽略热对流，主要考虑热辐射和热传导。

超高真空区域的应用领域非常广泛，在高质量薄膜的制备中，包括脉冲激光沉积、分子束外延，通常会用到该真空区域。超高真空常用于表面科学的研究中，因为在常压下，空气中的分子会附着在暴露于空气中的固体表面，并改变了固体的表面性质，然而在超高真空中，气体分子难以在固体表面形成吸附，从而能保证表面特性研究的正常开展。

2.2 稀薄气体的基本性质

利用真空泵可以使特定气体空间的压力低于大气压，形成真空状态，在这一状态下的气体变得稀薄。通常，薄膜是在这一稀薄的气体状态下生长的，因此有必要对稀薄气体的性质进行总结分析。这种稀薄的气体在性质上与理想气体的差异很小，在研究稀薄气体的性质时，可以将稀薄气体看作理想气体，直接应用理想气体状态方程。气体状态方程(2-1)反映了气体的压强 P、体积 V、热力学温度 T、质量 m 之间的关系，在特殊的情况下，通过该方程可以推导出以下理想气体定律。

(1) 玻意耳定律：一定质量的气体，在恒定温度下，气体的压强和体积的乘积为常数，即

$$PV = C \quad 或 \quad P_1V_1 = P_2V_2 \tag{2-4}$$

也就是说，对于理想气体在温度保持不变的情况下，当体积减小时，分子的密集程度增大，从而导致气体的压强增大。

(2) 盖-吕萨克定律：一定质量气体，在恒定的压强下，气体的体积与热力学温度成正比，即

$$V = CT \quad 或 \quad V = (V_0 / T_0) \cdot T \tag{2-5}$$

(3) 查理定律：一定质量的气体，在恒定的体积下，气体的压强与热力学温度成正比，即

$$P = CT \quad \text{或} \quad P = (P_0/T_0) \cdot T \tag{2-6}$$

上述 3 个理想气体定律有助于理解利用真空泵获得真空的原理。在真空状态下,真空室中的气体分子处于不断地运动状态,它们相互之间以及和真空室的器壁之间频繁地发生碰撞,其运动状态和性质可以通过以下概念进行描述。

2.2.1 气体分子的速率分布

真空室中各个分子都在进行无规则的热运动,它们的速率(大小和方向)是不同的,在每一时刻,每个分子的运动速率具有偶然性。对于大量气体分子而言,在平衡状态下,其速率可满足一定的统计分布规律,通常称为麦克斯韦-玻尔兹曼分布规律。

速率分布函数描述气体分子速率分布规律,表示在速率 v 附近,单位速率区间内分子数占总分子数的比例。即在平衡状态下,当气体分子间的相互作用可以忽略时,分布在任一速率区间 $v \sim v+\mathrm{d}v$ 内分子的概率为

$$\mathrm{d}N/N = 4\pi[m/(2\pi kT)]^{3/2}\exp[-mv^2/(2\pi kT)]v^2\mathrm{d}v \tag{2-7}$$

式中,N 为容器中气体分子总数;m 为气体分子质量;T 为气体温度(K);k 为玻尔兹曼常数。

显然,在不同的速率 v 附近取相等的间隔,比率 $\mathrm{d}N/N$ 的数值一般是不同的。比率 $\mathrm{d}N/N$ 与速率 v 有关,与 v 的函数成正比,即

$$\mathrm{d}N/N = f(v)\mathrm{d}v \tag{2-8}$$

即速率分布函数为

$$f(v) = 4\pi[m/(2\pi kT)]^{3/2}\exp\left[-mv^2/(2\pi kT)\right]v^2 \tag{2-9}$$

该函数是由麦克斯韦、玻尔兹曼从理论上得出的气体分子速率分布的统计规律,称为麦克斯韦-玻尔兹曼速率分布定律或麦克斯韦速率分布定律。麦克斯韦速率分布曲线如图 2-1 所示,该曲线反映了气体分子速率随温度的变化情况。

根据这一规律可从理论上推断出分子速率在 v_m 处有极大值,v_m 称为最概然速率(速率分布),是指当气体处于热力学平衡态时,分子运动符合麦克斯韦速率分布的条件下,与麦克斯韦速率分布函数 $f(v)$ 的极大值对应的速率。这个概念用来描述在特定条件下,分子速率分布的可能性,其中最概然速率是分子出现频率最高的速率值,即速率分布函数的最大极值点,通过一次求导可以获得,其值为

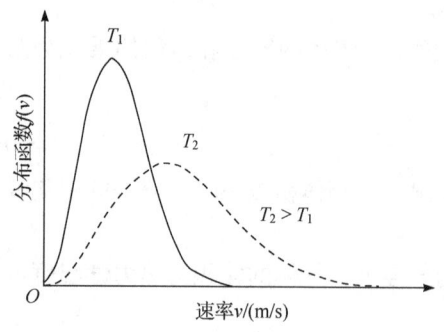

图 2-1 不同温度下麦克斯韦速率分布函数的分布曲线

$$v_{\mathrm{m}} = \sqrt{\frac{2kT}{m}} = \sqrt{\frac{2RT}{M}} = 1.41\sqrt{\frac{RT}{M}}(\mathrm{cm/s}) \qquad (2\text{-}10)$$

气体分子的平均速率 v_{a} 为

$$v_{\mathrm{a}} = \frac{\int_0^\infty vNf(v)\mathrm{d}v}{N} = \int_0^\infty vf(v)\mathrm{d}v$$

$$v_{\mathrm{a}} = \sqrt{\frac{8kT}{\pi m}} = \sqrt{\frac{8RT}{\pi M}} = 1.60\sqrt{\frac{RT}{M}}(\mathrm{cm/s}) \qquad (2\text{-}11)$$

气体分子的均方根速率 v_{r} 是气体分子速率二次方平均值的算术平方根,是气体分子的一种统计速率。这个速率反映了大量分子做热运动的统计规律,对单个分子没有意义。其计算公式为

$$v_{\mathrm{r}} = \sqrt{\frac{\int_0^\infty v^2 Nf(v)\mathrm{d}v}{N}} = \sqrt{\int_0^\infty v^2 f(v)\mathrm{d}v}$$

通过上式可以获得气体分子的均方根速率计算公式:

$$v_{\mathrm{r}} = \sqrt{\frac{3kT}{m}} = \sqrt{\frac{3RT}{M}} = 1.73\sqrt{\frac{RT}{M}}(\mathrm{cm/s}) \qquad (2\text{-}12)$$

三种速率中,均方根速率 v_{r} 的数值最大,平均速率 v_{a} 次之,最概然速率 v_{m} 最小。这三种速率表示的含义不同,在不同的场合有各自的应用,在讨论速率分布时,要用到最概然速率;在计算分子运动的平均距离时,要用到平均速率;在计算分子的平均动能时,要用到均方根速率。

2.2.2 平均自由程

气体分子处于不规则的热运动状态,它除与容器壁发生碰撞外,气体分子间还经常发生碰撞。每个分子连续两次碰撞之间的路程称为"自由程"。对于气体分子,平均自由程是分子两次碰撞之间所走过的路程的平均值,这个值具有统计意义,因为对于单个分子来说,其自由程会有所不同。气体分子的平均自由程与温度和压强有关,温度升高或压强降低,分子间的碰撞频率降低,从而使平均自由程增大。

平均自由程是一个描述气体性质的微观参量,计算平均自由程的公式通常涉及分子的速率、碰撞频率以及数密度等因素。单个气体分子在单位时间内的碰撞次数为

$$Z = \sqrt{2}\pi\sigma^2 vn \qquad (2\text{-}13)$$

式中,σ 为气体分子的有效直径;v 为气体分子间的相对运动速率;n 为气体单位体积内分子数。

单位体积内气体分子间的碰撞频率为

$$f = 1/\left(\sqrt{2}\pi\sigma^2 n^2 v\right) \qquad (2\text{-}14)$$

一个气体分子连续两次碰撞之间飞行距离的平均值，即单一气体中气体分子的平均自由程为

$$\lambda = 1/\left(\sqrt{2}\pi\sigma^2 n\right) \qquad (2\text{-}15)$$

将 $P = nkT$ 代入，式(2-15)可改写为

$$\lambda = kT/\left(\sqrt{2}\pi\sigma^2 P\right) \qquad (2\text{-}16)$$

显然，在气体种类和温度一定的情况下，有

$$\lambda P = 常数 \qquad (2\text{-}17)$$

在 25℃的空气情况下，有

$$\lambda P \approx 0.667(\text{cm}\cdot\text{Pa}) \quad 或 \quad \lambda \approx 0.667/P(\text{cm}) \qquad (2\text{-}18)$$

平均自由程仅指气体分子间的碰撞，分子与器壁间碰撞所形成的自由程属于另一个概念范畴。

例如，一个特征尺寸为 10cm 的容器，压强为 1×10^{-6}Torr，气体分子的平均自由程为 5000cm，实际能够实现的只与器壁碰撞形成的自由程约为 10cm。

2.2.3 碰撞次数与余弦散射律

1. 碰撞次数

碰撞次数，也称为入射频率，是指单位时间内，在单位面积的器壁上发生碰撞的气体分子数，用 ω 表示。设一固定容器内装有单一气体，同时气体已完全达到平衡状态，在容器内壁上任取一个小面积 $\text{d}A$，在单位时间内，会有大量的气体分子从不同的方向碰撞到 $\text{d}A$ 上。气体分子碰撞器壁示意图如图 2-2 所示，其中 $\text{d}\Omega$ 指气体分子处于的立体角，θ 指立体角与法线方向的夹角。

单位时间内，碰撞于此面积上的分子数计算过程如下：任何时候，运动方向在立体角 $\text{d}\Omega$ 中的概率为 $\text{d}\Omega/(4\pi)$，其中 $\text{d}\Omega = \text{d}S/r^2$；单位时间内，速率为 $v\sim v+\text{d}v$ 的分子从立体角 $\text{d}\Omega$ 飞来碰撞于 $\text{d}A$ 上的数目为

$$\frac{\text{d}\Omega}{4\pi}\cdot nf(v)\text{d}v\cdot v\cos\theta \text{d}A \qquad (2\text{-}19)$$

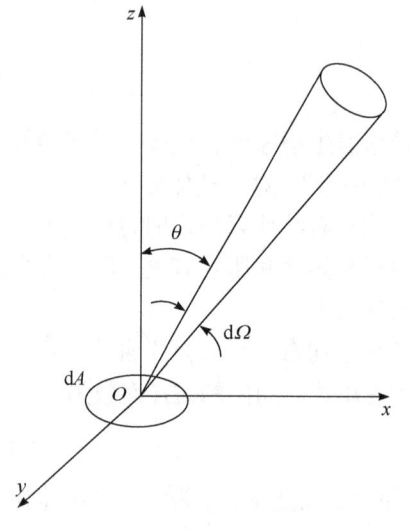

图 2-2 气体分子碰撞器壁示意图

对式(2-19)进行积分，速率的分布范围为 $0\sim\infty$，则单位时间内从立体角飞来碰撞到 $\text{d}A$ 上的总分子数为

$$\int_0^\infty \frac{\mathrm{d}\Omega}{4\pi} \cdot nf(v)\mathrm{d}v \cdot v\cos\theta \mathrm{d}A = \frac{\mathrm{d}\Omega}{4\pi} n\cos\theta \mathrm{d}A \int_0^\infty vf(v)\mathrm{d}v = \frac{\mathrm{d}\Omega}{4\pi} v_\mathrm{a} n\cos\theta \mathrm{d}A \tag{2-20}$$

这表明碰撞于一个平面上的分子数，其数目与 θ 的余弦成正比。

单位时间内，从任何角度碰撞于 dA 上的分子总数可以通过对立体角 φ 从 0～2π 积分得到。单位时间内，从 θ～θ+dθ 两锥间碰撞于 dA 上的分子数为

$$\int_0^{2\pi} \frac{nv_\mathrm{a}}{4\pi} \sin\theta\cos\theta \mathrm{d}\theta \mathrm{d}A \mathrm{d}\varphi = \frac{v_\mathrm{a}}{2} \sin\theta\cos\theta \mathrm{d}\theta \mathrm{d}A \tag{2-21}$$

再对 θ 从 0～π/2 进行积分，得到任何方向单位时间内碰撞于 dA 上的分子总数为

$$\frac{nv_\mathrm{a}}{2}\mathrm{d}A \int_0^{\pi/2} \sin\theta\cos\theta \mathrm{d}\theta = \frac{nv_\mathrm{a}}{4}\mathrm{d}A \tag{2-22}$$

则单位时间碰撞于单位面积上的分子数(入射频率)为

$$\omega_v = \frac{nv_\mathrm{a}}{4} \tag{2-23}$$

式(2-23)称为赫兹-克努森(Hertz-Knudsen)公式，根据理想气体状态方程和平均速率公式，可得

$$\omega_v = \frac{P}{\sqrt{2\pi nkT}} \tag{2-24}$$

例如，对于 20℃的空气，则有

$$\omega = 2.86\times 10^{18} P \;(\text{个}/(\mathrm{cm}^2 \cdot \mathrm{s})) \tag{2-25}$$

式中，P 的单位为 Pa。

对于 25℃的空气，根据式(2-2)、式(2-18)、式(2-24)，可得上述参数之间关系的计算结果，如图 2-3 所示。

2. 余弦散射律

克努森对低气压气体流动与分子束反射的研究表明，碰撞于固体表面的气体分子，飞离表面的方向与原入射方向无关，并按与表面法线方向成角度 θ 的余弦进行分布。同时也表明，反射气体分子的余弦分布与平衡气体入射分子的余弦分布之间没有任何联系。

一个分子在离开固体表面时，处于立体角 dΩ(与表面法线成 θ 角)中的概率为

$$\mathrm{d}p = \mathrm{d}\Omega\cos\theta / \pi \tag{2-26}$$

式中，1/π 是由于归一化条件，即位于 2π 立体角中的概率为 1 而出现的。分子从表面反射与飞来方向无关，这一点非常重要，它意味着可将飞来的分子看作一个分子束从一个方向飞来，也可看作按任意方向飞来，其结果都是相同的。

余弦散射律(又称为"克努森定律")的重要意义如下。

(1) 揭示了固体表面对气体分子作用的另一方面,即将分子原有的方向性彻底"消除",均按余弦定律散射。

(2) 分子在固体表面要停留一定的时间,这是气体分子能够与固体进行能量交换和动量交换的先决条件,这一点有重要的实际意义。

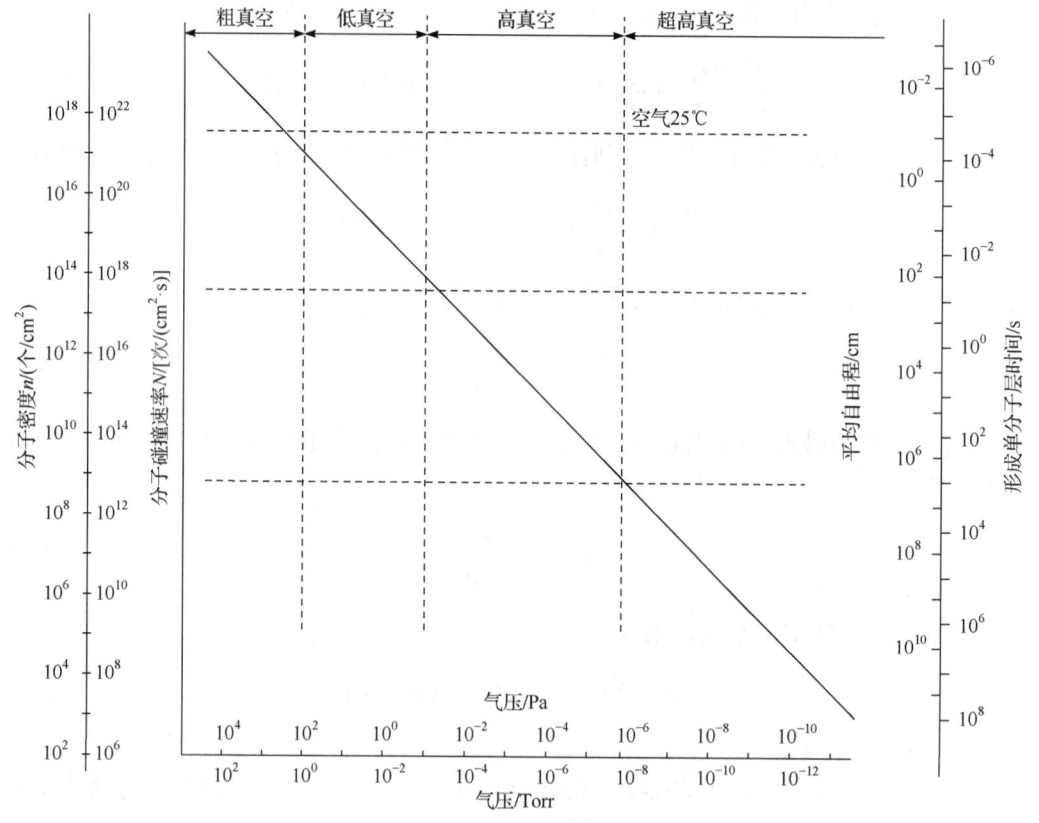

图 2-3　真空概念之间的关系(25℃,空气)

2.3　真空的获得

在薄膜的制备技术中,为了获得具有高纯度的薄膜材料,通常需要在真空的环境下进行薄膜的制备。真空的获得就是利用各种真空泵使有限的密闭空间的压力低于大气压,因此一个典型的真空系统应包括待抽空的容器(真空室)、获得真空的设备(真空泵)、测量真空的器具(真空计)以及必要的管道、阀门和其他附属设备。

真空泵是指利用机械、物理、化学或物理化学的方法把一个密闭或半密闭空间中的空气排出,达到局部空间相对真空的仪器或设备。随着真空应用的发展,真空泵的种类也越来越多,按其工作原理,真空泵基本上可以分为两种类型,即气体捕集泵和气体传输泵。常用真空泵包括干式螺杆真空泵、水环泵、往复泵、滑阀泵、旋片泵、罗茨泵和扩散泵等。真空区间特性与可采用的真空泵之间的对应关系如表 2-1 所示。

表 2-1 真空区间特性与可采用的真空泵

真空区间	物理特点			主要采用的真空泵	主要采用的真空计
	平均自由程	平均吸附时间	气体分子密度		
低(粗)真空 $10^5 \sim 10^2$Pa	$\lambda \ll d$ (1) 以气体分子之间的碰撞为主; (2) 黏滞流			罗茨泵; 喷射泵	U 形管真空计
中真空 $10^2 \sim 10^{-1}$Pa	$\lambda = d$ 过渡流	(1) 以气体分子的空间飞行为主; (2) 以气体分子运动论为决定物理本质的基本规律		旋片泵; 罗茨泵; 油增压泵	热传导真空计
高真空 $10^{-1} \sim 10^{-6}$Pa	$\lambda \gg d$ (1) 以气体分子与器壁碰撞为主; (2) 分子流; (3) 以余弦散射律为决定物理本质的基本规律		n 很大; 服从统计规律	扩散泵; 涡轮分子泵	热阴极电离真空计; 冷阴极电离真空计; B-A 型电离真空计
超高真空 $10^{-6} \sim 10^{-9}$Pa	—	(1) 以气体分子在固体表面吸附停留为主,清洁表面形成单分子层时间大于 1min; (2) 以表面物理化学为决定物理本质的基本规律		涡轮分子泵; 钛离子泵	B-A 型电离真空计; 改进型电离计; 磁控式电离真空计
极高真空 <10^{-9}Pa	—	—	n 较小; 统计涨落大于 5×10^{-2}	冷凝泵; 冷凝升华泵	冷阴极或热阴极电离真空计

真空泵是一个真空系统获得真空的关键。图 2-4 表示出了常用真空泵的抽速范围,从图中可以看出,每一种真空泵都有特定的工作真空区间,超过这一区间后,其性能明显下降,如果真空泵超过了其工作区间,还会对真空室的真空度产生不利影响。由于不同真空区间气体分子物理特点的不同,还没有任何一种真空泵能够从大气压一直工作到超高真空,只能根据不同的工作压力范围和不同的工作要求,使用不同类型的真空泵。在大多数情况下,需要由几种真空泵组成真空抽气系统共同抽气后才能满足具体的要求。

能使真空室内压力从一个大气压开始变小,进行排气的泵常称为前级泵,如机械泵、吸附泵;只能从较低压力抽到更低压力的真空泵常称为次级泵,如油扩散泵、分子泵等。根据图 2-4 所显示的真空泵的工作压力区间,可以进行前级泵和次级泵的划分,通过它们之间的搭配,可以获得超高真空。

利用前级泵和次级泵相结合获得真空室高真空的气路示意图如图 2-5 所示。从图中可以看出,前级泵和次级泵依次和真空室相连接,但是在工作时,不同的真空压力下,气体被排出真空室的气路是不同的。

具体的抽气工作过程如下:首先关闭真空室,然后打开前级泵,利用前级泵从大气压开始工作,将真空室内的空气气体排出,这时前级泵直接和真空室相连,气体由虚线

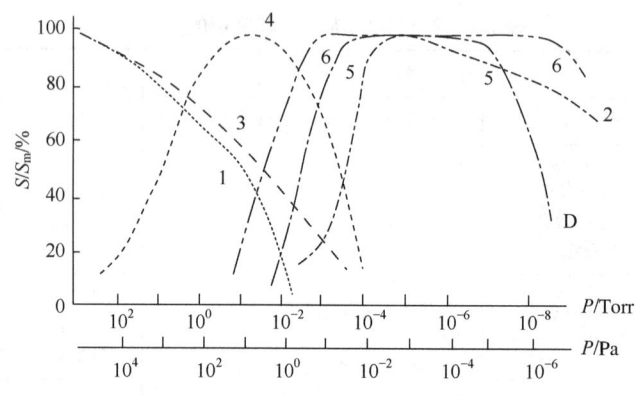

图 2-4 几种真空泵的抽速比较

1-单级旋片泵；2-溅射离子泵；3-双级旋片泵；4-罗茨泵；5-扩散泵；6-分子泵

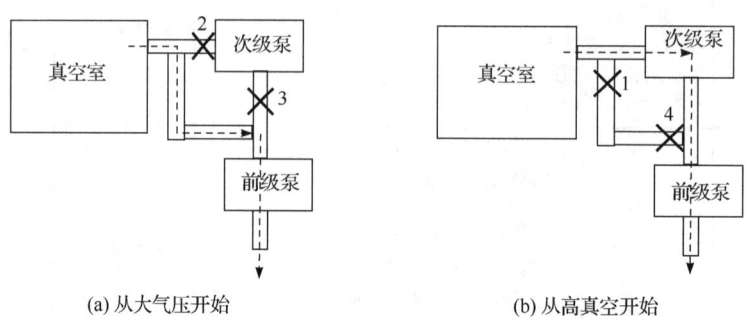

(a) 从大气压开始　　　　　　　　(b) 从高真空开始

图 2-5 前级泵与次级泵的搭配示意图

箭头指示的方向排出真空室，开关 2 和 3 关闭，这一阶段的次级泵并不工作；当真空室内的压强达到次级泵的工作压强时，关闭开关 1，打开次级泵，打开开关 2，然后再逐步打开开关 3，关闭开关 4，次级泵排出的气体传递给前级泵，前级泵将气体进一步排出，通过前级泵和次级泵的共同作用达到高真空甚至超高真空。在工作结束后，关闭前级泵和次级泵的顺序为，首先关闭开关 2，然后关闭开关 3，保护好次级泵，接着关闭次级泵，最后关闭前级泵。

2.3.1 机械泵

机械泵是利用气体膨胀、压缩、排出的原理，把气体从密闭容器中排出，之所以称为机械泵，是因为它利用机械的方法，周期性地改变泵内吸气腔的容积，使容器中的气体不断地通过泵的进气口扩散到吸气腔中，然后通过压缩经排气口排出泵外。常用的机械泵有旋片式、定片式和滑阀式等。其中，旋片式机械泵噪声较小，运行速率高，应用最为广泛。单级旋片式机械泵主要由定子、旋片和转子组成，这些部件全部浸在机械泵油中，转子偏心地置于定子泵内，如图 2-6 所示，图(b)所示为旋片式机械泵工作原理。

旋片式机械泵的工作原理如下，设待抽容器的体积为 V，初始压强为 P_0，转子第一次旋转所形成的空间体积为 ΔV。根据玻意耳定律，旋片转过一周后，待抽空间的压强 P_1 降低为

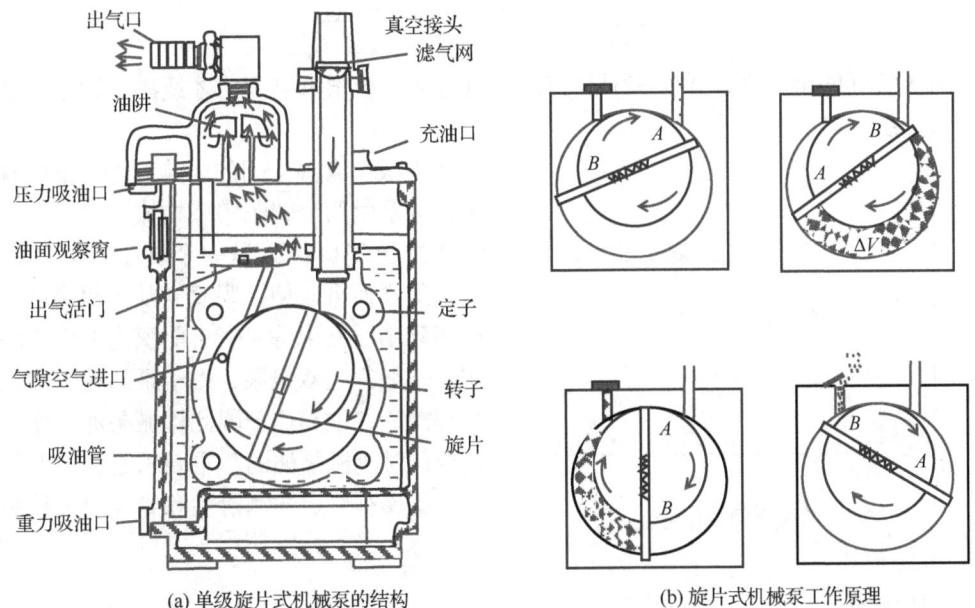

图 2-6 单级旋片式机械泵的结构及工作原理示意图

$$P_1 = P_0 \cdot \frac{V}{V + \Delta V} \quad 或 \quad P_1(V + \Delta V) = P_0 \cdot V \tag{2-27}$$

经过 N 个循环后,则有

$$P_N = P_0 \cdot \left(\frac{V}{V + \Delta V}\right)^N \tag{2-28}$$

由此可以看出,只有在泵室越大而待抽容器越小,即 $\Delta V/V$ 越大时,获得 P_N 所需时间才越短;N 越大,P_N 越小,理论上当 $N \to \infty$ 时,$P_N \to 0$,但这在实际中是不可能的;当 N 足够大时,P_N 只会达到某一极限值 P_u,这是因为泵在结构上总是存在着"有害空间"。有害空间是指出气口与转子密封点之间的极小空隙空间。

设每秒转子旋转 m 次,则 t 秒转子旋转的次数为

$$n = mt \tag{2-29}$$

这时待抽容器的压强 P_t 降低为

$$P_t = P_0 \cdot \left(\frac{V}{V + \Delta V}\right)^{mt} \tag{2-30}$$

或

$$\frac{P_0}{P_t} = \left(1 + \frac{\Delta V}{V}\right)^{mt} \tag{2-31}$$

由此可见,P_0 / P_t 可以随容器内压强 P_t 的减小而增加。对于一定的机械泵及待抽容器,其 m、V 及 ΔV 均为常数,故有

$$\lg \frac{P_0}{P_t} = mt \cdot \lg\left(1 + \frac{\Delta V}{V}\right)^{mt} = Kt \tag{2-32}$$

对于实际的泵而言，式(2-32)只有在 P_t 远远大于极限真空度时才适用，把这一公式绘制成曲线，如图 2-7 所示。

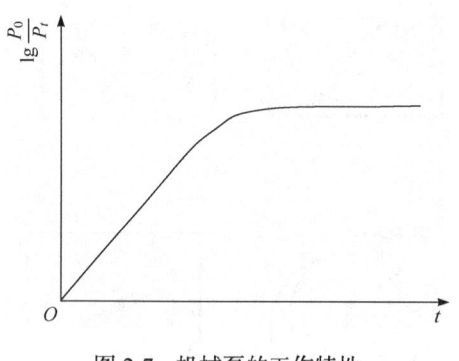

图 2-7 机械泵的工作特性

为减小有害空间的影响，通常采用双级泵，该泵由两个转子串联构成，以一个转子空间的出气口作为另一个转子空间的进气口，这样便可以使极限真空从单级泵的 1Pa 提高到 10^{-2}Pa 数量级。目前国内外生产的机械泵一般都是双级泵，由于泵的转子和定子全部浸泡在油箱内，因此机械泵油的作用很重要，对机械泵油的基本要求是饱和蒸气压低，要具有一定的润滑性和黏度以及较高的稳定性。

2.3.2 扩散泵

扩散泵是利用被抽气体向蒸气流扩散的现象来实现排气作用的。扩散泵通常指油扩散泵，是获得高真空的最广泛、最主要的工具之一。扩散泵需要在一定的真空度下进行工作，是一种次级泵，扩散泵必须与机械泵配合使用才能组成高真空系统，单独使用扩散泵是没有抽气作用的。扩散泵的结构及工作原理如图 2-8 所示。

当扩散泵油被加热后产生大量的油蒸气时，根据扩散泵理论，扩散泵的极限压强为

$$P_u = P_L \exp\left(-\frac{nvL}{D_0}\right) \tag{2-33}$$

式中，P_L 为前级泵压强；n 为蒸气分子密度；L 为蒸气流从泵的进气口到出气口的扩散长度；$D_0 = ND = $ 常数，D 为蒸气中气体分子的扩散系数，可由 $D = \lambda v_a / 3$ 算得；v 为油蒸气在喷口处的速率，可近似认为：

$$v = 1.60 \times 10^4 \sqrt{\frac{T}{M}} (\text{cm/s}) \tag{2-34}$$

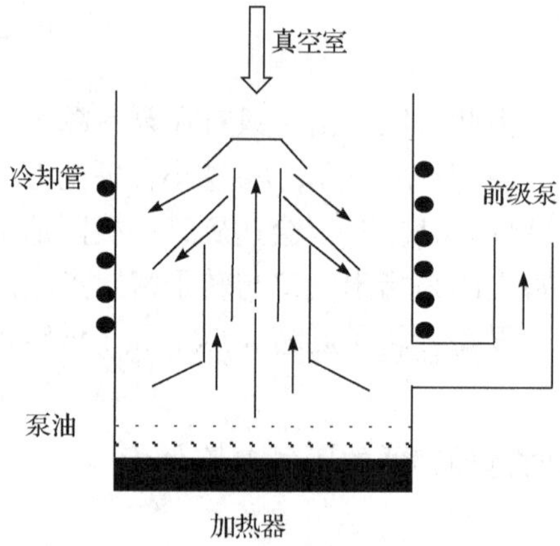

图 2-8 扩散泵的结构及工作原理

式中，M 为油蒸气的摩尔质量。因 v、n、D_0、L 等均为正值，由式(2-33)可知，P_L/P_u 总是大于 1，此比值称为扩散泵的压缩比。

由式(2-33)可知，蒸气流速 v 和扩散长度 L 越大，以及气体分子的扩散系数 D 越小，由此喷嘴所产生的压缩比就越高，则在一定的前级压强下经扩散泵抽气后所得的极限压强就越低。由于 P_u 与前级泵压强 P_L 成正比，所以为了提高扩散泵的极限真空，选配性

能好的前级泵也十分重要。

2.3.3 分子泵与罗茨泵

当气体分子碰撞到高速移动的固体表面时，总会在表面停留很短的时间，并且在离开表面时将获得与固体表面速率相近的相对切向速率，这就是动量传输作用。涡轮分子泵就是利用这一现象而制成的，即它是靠高速转动的转子把动量传输给气体分子，使之获得定向速率，从而被驱向排气口，由前级泵抽走，使被抽容器获得超高真空的一种机械真空泵。

分子泵的抽气机理与容积式机械泵靠泵腔容积变化进行抽气的机理不同，分子泵是在分子流区域内靠高速运动的刚体表面传递给气体分子以动量，使气体分子在刚体表面的运动方向上产生定向流动，从而达到抽气的目的。通常，用高速运动的刚体表面携带气体分子，并使其按一定方向运动的现象称为分子牵引现象。

分子泵可如下分类：牵引分子泵——气体分子与高速运动的转子相碰撞而获得动量，被驱送到泵的出口；涡轮分子泵——靠高速旋转的转子叶片和静止的定子叶片相互配合来实现抽气，这种泵通常在分子流状态下工作；复合分子泵——由涡轮式和牵引式两种分子泵串联组合起来的一种复合型的分子真空泵。

分子泵的正常工作需满足以下两个必要条件。一是分子泵必须在分子流状态下工作。在分子流范围内，气体分子的平均自由程长度远大于分子泵叶片之间的间距，气体分子与器壁的碰撞机会将远大于气体分子之间的碰撞机会，当器壁由不动的定子叶片与运动着的转子叶片组成时，气体分子就会较多地射向转子和定子叶片，有利于形成气体分子的定向运动。二是分子泵的转子叶片必须具有与气体分子速率相近的线速率，具有这样的高速率才能使气体分子与转子叶片相碰撞后改变随机散射的特性而做定向运动，分子泵的转速越高，对提高分子泵的抽速越有利。

分子泵的主要特点：转子转速达到 20000r/min，故分子泵启动时间较长，噪声小，运行平稳，抽速大，不需要任何工作液体。

罗茨泵又称为机械增压泵，具有两个相反方向同步旋转的叶形转子，是转子间、转子与泵壳内壁间有细小间隙而互不接触的一种变容机械真空泵，它既应用分子泵的原理，又利用油封机械泵的变容原理制成(图 2-9)。

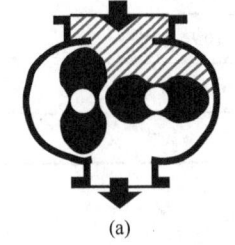
(a)
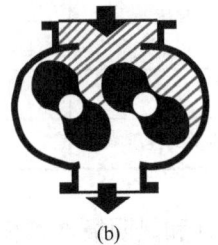
(b)

(c)

(d)

图 2-9 罗茨泵及其工作原理

罗茨泵的特点：转子与泵体、转子与转子之间保持一段不大的间隙(约 0.1mm)，缝隙不需要油润滑和密封，很少有油蒸气污染；转子与泵体、转子与转子之间没有摩擦，允许转子有较大的转速(可达 3000r/min)；启动快，振动小，在很宽的压强范围内 ($1.33\times10^2\sim1.33$Pa)具有很大的抽速等。罗茨泵的极限压强可达 10^{-4}Pa(双级泵)，其工作压强比较低，属于次级泵，必须和前级泵串联使用。

2.4 真空的测量

为了获得真空系统所达到的真空度，必须对真空室内的压强进行测量。测量压强，也就是测量单位面积上的压力值。但是，在真空度测量过程中遇到的气体压强都很低，当压强为 10^{-1}Pa 时，作用在 $1cm^2$ 表面积上的压力只有 10^{-5}N，要直接测量这样小的压力是极不容易的。因此，测量真空度的办法通常是在待测的气体中产生特定的物理现象，测定这一过程中与压力有关的某些物理量，再经变换后确定容器的压力，进而获得压强。当压强改变时，这些和压强有关的物理量也随之变化的物理现象是真空测量的基础。任何具体的物理特性都是在某一压强范围内才最显著。因此，任何方法都具有一定的测量范围，这是该真空计的量程。到目前为止，还没有一种真空计能够测量从大气压到 10^{-10}Pa 的整个压力范围的压强。

真空计是测量真空度或气压的仪器，按照不同的原理和结构可以分成多种类型。按物理机制可以分为力学性能真空计、气体动力学效应真空计和电离真空计，其中力学性能真空计包含 U 形管压力计，气体动力学效应真空计包含热偶真空计，电离真空计包含热阴极和冷阴极电离真空计，每种真空计的工作原理和特点各不相同，在不同的使用场合下应根据需要进行选择。常见的真空计类型和压强测量范围如表 2-2 所示。

表 2-2 常见真空计的工作原理与测量范围

名称	工作原理	测量范围/Pa
U 形管压力计	大气与真空压差	$10^6\sim10^{-2}$
水银压缩真空计	玻意耳定律	$10^3\sim10^{-4}$
电阻真空计	气体分子热传导	$10^4\sim10^{-2}$
热偶真空计		
热阴极电离真空计	热电子电离残余气体	$10^{-1}\sim10^{-6}$
B-A 型电离真空计		$10^{-1}\sim10^{-10}$
潘宁磁控电离真空计	磁场中气体电离与压强有关的原理	$1\sim10^{-5}$
气体放电管	气体放电与压强有关的性质	$1\sim10^{-3}$

在薄膜技术中，常用的真空计有热偶真空计和热阴极电离真空计。

2.4.1 热偶真空计

压强较高时，气体传导的热量与压强无关，只有当压强降到低真空范围时才与压强成正比。热偶真空计就是利用低压强下气体的热传导与压强有关的原理制成的真空计。

电源加热灯丝产生的热量 Q 将以三种方式向周围散射，即辐射热 Q_1、灯丝与热偶丝的传导热量 Q_2 及气体分子碰撞灯丝而带走的热量 Q_3，即

$$Q = Q_1 + Q_2 + Q_3 \tag{2-35}$$

热平衡时，灯丝温度 T 为一定值。此时，Q_1 与 Q_2 为恒量，只有 Q_3 随气体分子对灯丝的碰撞次数而变化，即与气体分子数有关或与气体压强有关。压强越高，气体分子数越多，碰撞次数越多，灯丝被带走的热量就越多，灯丝温度变化越大。

利用测定热偶丝电阻值随温度变化的真空计称为热阻真空计，直接用热电偶测量热偶丝温度的真空计称为热偶真空计，图 2-10 为热阻真空计和热偶真空计的示意图。热偶真空计应用十分广泛，热偶丝表面温度的高低与热偶丝所处的真空状态有关，真空度高，和热偶丝表面碰撞的气体分子少，带走的热量少，则热偶丝表面温度高，热电偶输出的热电势也高；真空度低，和热偶丝表面碰撞的气体分子多，带走的热量多，则热偶丝表面温度低，热电偶输出的热电势也低。

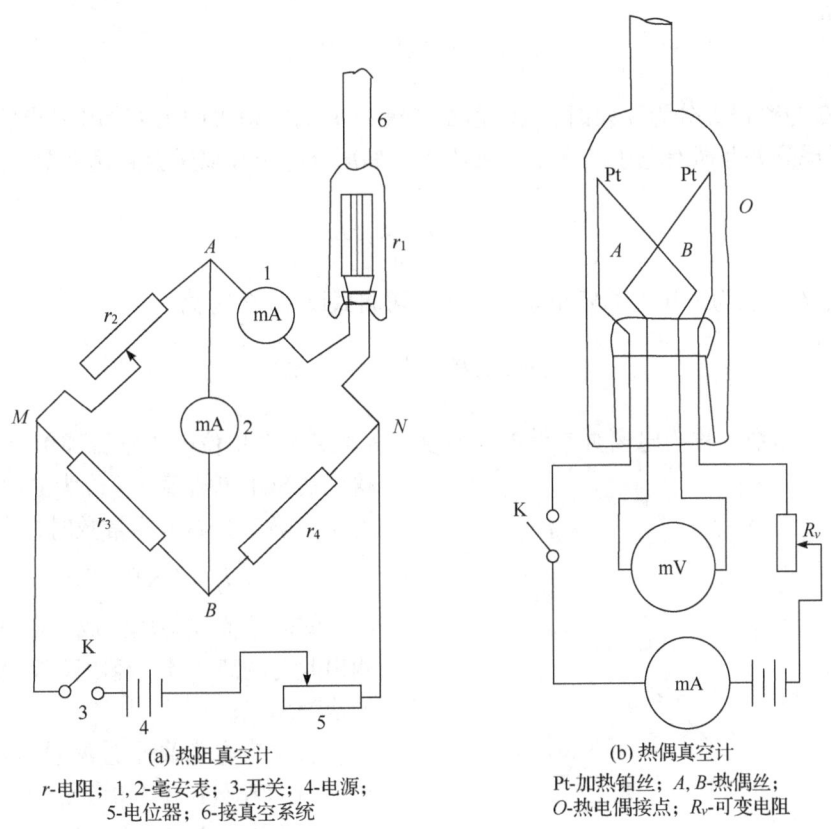

(a) 热阻真空计　　　　　　　　　(b) 热偶真空计

r-电阻；1，2-毫安表；3-开关；4-电源；　　Pt-加热铂丝；A，B-热偶丝；
5-电位器；6-接真空系统　　　　　　　　　O-热电偶接点；R_v-可变电阻

图 2-10　热阻真空计与热偶真空计示意图

2.4.2　电离真空计

电离真空计是基于在一定条件下，待测气体的压力与气体电离产生的离子流成正比

关系的原理制作的真空测量仪器。其具体的工作原理为，在稀薄气体中，灯丝发射的电子经加速电场加速，具有足够的能量，在与气体分子碰撞时，能引起气体分子电离，产生正离子和次级电子。电离概率的大小与电子的能量有关。电子在一定的飞行路途中与分子碰撞的次数(或产生的正离子数)，与气体分子密度成正比，因为 $P=nkT$，故在一定温度下，也与气体压强 P 成正比。因此，根据电离真空计离子收集极收集离子数的多少，就可确定被测空间的压强大小。

根据气体电离源的不同，分为热阴极电离真空计和冷阴极电离真空计，前者应用极为普遍。根据下面公式可以估算出电离真空计中离子电流与气体压强的关系。设电子从阴极飞到加速极的总路程长度为 L(cm)，则离子电流 I_i(mA)与压强之间的关系为

$$I_i = I_e WLP \tag{2-36}$$

式中，I_e 为阴极的发射电流；W 为 $P=1\text{Pa}$ 时每个电子飞行 1cm 所产生的电子-离子对数，称为电离效率，是电子能量的函数。

考虑到电子在飞行途中能量有所变化，式(2-36)应改为

$$I_i = I_e \sum_{i=1}^{n} W_i \Delta L_i P \tag{2-37}$$

式中，ΔL_i 为路程 L 分为 n 段时，第 i 段的长度；W_i 为路程 L 中第 i 段电子能量的函数。

再考虑到并非所有电子和离子都被收集，如部分电子和离子会到达管壁，则

$$I_i = I_e \alpha \beta \sum_{i=1}^{n} W_i \Delta L_i P \tag{2-38}$$

式中，α、β 分别为 I_i 和 I_e 的修正系数，于是可将式(2-38)改写为

$$I_i = I_e KP \quad \text{或} \quad \frac{I_i}{I_e} = KP \tag{2-39}$$

式中，K 为常数，称为电离真空计的灵敏度，其意义为在单位电子电流和单位压强下所得到的离子电流值，单位为 Pa^{-1}，一般通过实验确定。当 I_e 为常数时，有

$$I_i = I_e KP = CP \tag{2-40}$$

即得知离子流仅与压强成正比，因此只要测出此时的离子流，经电路放大后，就可转换为压强。

热阴极电离真空计测量范围一般为 $10^{-3} \sim 10^{-8}\text{Torr}(10^{-1} \sim 10^{-6}\text{Pa})$，如图 2-11 所示。在压强大于 10^{-1}Pa 时，虽然气体分子数增加，电子与分子的碰撞数增加，但能量下降，电离概率降低，所以当压强增加到一定程度时，电离作用达到饱和，使曲线偏离线形，故测量的上限为 10^{-1}Pa。

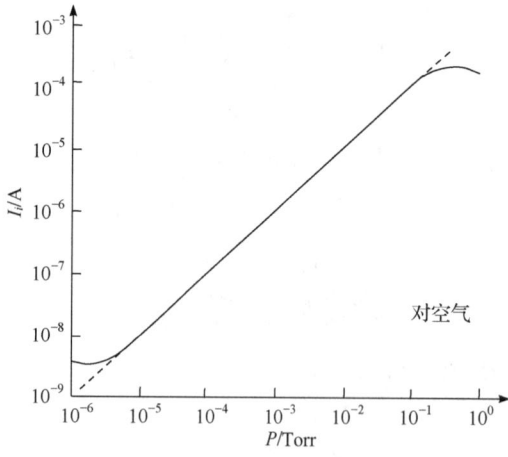

图 2-11 离子电流与压强的关系

在小于 10^{-6}Pa 的低气压下,气体分子数较少,具有一定能量的高速电子很容易打到加速极上,产生软 X 射线,当其辐射到离子收集极时,将自己的能量交给金属中的自由电子,会使自由电子逸出金属而形成电流,导致离子流增加,即这时由离子收集极测得的离子流是离子电流与光电流二者之和,当二者在数值上可比拟时,曲线也将偏离线形,故 10^{-6}Pa 就成为测量的下限压强。

B-A 型电离真空计将收集极改为针状,把灯丝放在加速极外边,使收集极受到软 X 射线照射的面积减小,于是可测量更高的真空度(约 10^{-10}Pa)。

习 题

1. 请简述没有绝对的真空的原因。
2. 请简述余弦散射律的意义。
3. 请简述旋片式机械泵的工作原理。
4. 前级泵和次级泵如何搭配才能获得超高真空?
5. 请简述超过电离真空计的压力测量范围后,测量结果与实际测量值的关系。

第 3 章　真空蒸发镀膜

获得沉积薄膜材料的原子、分子或者离子是气相沉积方法进行薄膜材料制备的必要条件。在真空的环境下，根据获得沉积气相原子的方式，可以分为物理气相沉积和化学气相沉积。通过加热、离子轰击等物理方法从固体材料表面获得原子的方法，通常称为物理气相沉积法。本章所介绍的真空蒸发镀膜就是一种物理气相沉积法，广泛用于金属薄膜材料的制备。

3.1　真空蒸发镀膜的原理

真空蒸发镀膜(vacuum evaporation)简称真空蒸镀，是在真空环境中，加热蒸发容器中待形成薄膜的原材料，使其原子或分子从表面气化逸出，形成蒸气流，入射到固体衬底或基片表面，凝结形成固态薄膜的方法。

3.1.1　真空蒸发的特点与蒸发过程

由于真空蒸发法或真空蒸镀法的主要物理过程是通过加热蒸镀材料而实现的，所以又称为热蒸发法。最常见也是最早应用于真空蒸发镀膜的加热方法是电阻法，即通过在蒸发源两端施加高压，使蒸发源达到蒸镀材料的挥发温度，进而获得蒸发原子。电阻加热真空蒸发镀膜的主要结构如图 3-1 所示，主要包括真空室、蒸发源或加热器、基片、基片加热器与测温器。影响真空镀膜质量和厚度的因素主要有蒸发源的温度、蒸发源的形状、基片的位置、真空度等。

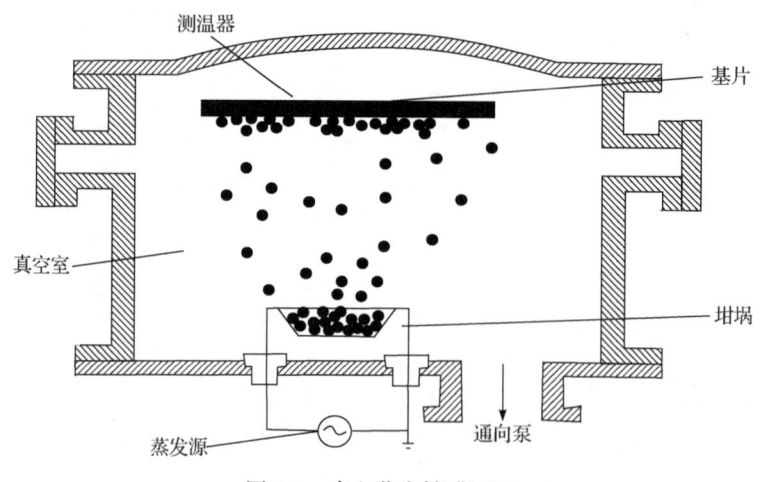

图 3-1　真空蒸发镀膜原理

真空装置中各个部分的作用如下。

(1) 真空室：为了防止大气环境中的气体进入薄膜，形成杂质，降低薄膜的纯度，同时降低蒸镀材料的气化温度，减少蒸发原子在输运到基片表面过程中与空气分子的碰撞次数，需要为蒸发过程提供必要的真空环境，使真空室中气体分子的平均自由程大于蒸发源到基片的距离。

(2) 蒸发源或加热器：蒸镀材料需要放置于蒸发源中，然后对蒸发源施加高压，使蒸发源获得高的、均匀的温度，达到蒸镀材料的挥发温度，使其发生挥发，形成蒸发原子；蒸发源通常使用具有高熔点的金属材料或坩埚。

(3) 基片：用于接收蒸发物质原子并在其表面形成固态蒸镀材料薄膜，基片与蒸发源之间存在一定的距离，这一距离称为源基距，通常通过真空度的调节，使蒸发原子在真空室中的平均自由程大于源基距。

(4) 基片加热器与测温器：蒸发原子具有较低的能量，在基片表面的扩散能力弱，通过加热的方式为蒸发原子提供能量，增强其在基片表面的扩散运动，形成具有结晶结构的薄膜。通过基片温度的调节，可以改变蒸镀材料薄膜的结晶状态。

基于电阻加热的真空蒸发镀膜与溅射镀膜、化学气相沉积相比，具有以下优点：镀膜设备比较简单、操作容易；制成的薄膜纯度高、质量好；成膜速率快、效率高，利用掩膜可以获得清晰的图形薄膜；薄膜的生长机理比较单纯。这种方法的主要缺点是不容易获得具有优异结晶结构的薄膜、所形成薄膜在基片上的附着力较小、工艺重复性不够好等。

真空蒸发镀膜由以下三个基本过程组成，具体如下。

(1) 热蒸发过程：由固体块状材料的凝聚相转变为气相(也可以是固相转变为液相再转变为气相)的相变过程，相变过程中没有化学键的断裂或者结合，不会产生新的物质，这也是其称为物理气相沉积的根本原因。每种蒸镀材料在不同温度时具有不同的蒸发量，即饱和蒸气压随温度而变化，因此蒸发合金或者化合物时，各组分以气态或蒸气进入蒸发空间的量会有所区别，易于导致蒸镀材料和形成的薄膜成分不一致。

(2) 气化原子或分子在蒸发源与基片之间的输运过程：蒸发原子在真空环境中的飞行过程。飞行过程中，蒸发原子与真空室内残余气体分子会发生碰撞，碰撞的次数取决于蒸发原子的平均自由程及蒸发源到基片之间的距离；同时，也要避免蒸发原子之间的碰撞。为了实现有效的薄膜制备，要通过提高真空度的方式，增大蒸发原子的平均自由程，使其大于蒸发源到基片之间的距离，减少蒸发原子之间及其与空气残余分子之间的碰撞。

(3) 蒸发原子或分子在基片表面上的沉积过程：蒸发的气相原子通过吸附、凝结、成核、核生长，形成连续薄膜的生长过程。由于基片温度远低于蒸发源温度，因此蒸镀材料气相分子在基片表面将直接发生从气相到固相的相转变，实现在基片表面的吸附；吸附后，由于蒸气分子能量低，在基片表面的扩散能力弱，形成的薄膜附着力差、密度低、结晶性能差。为了提升薄膜的致密性和结晶性，通常会增加基片的温度，增加蒸发原子在基片表面扩散运动的距离。

上述过程都必须在空气非常稀薄的真空环境中进行，否则蒸发原子或分子将与大量空气分子碰撞，使膜层受到严重污染，甚至形成氧化物；大量空气分子的存在，会导致蒸发源与空气中的氧发生反应,被加热氧化烧毁;另外,由于空气分子的碰撞阻挡,蒸发原子的运动轨迹发生变化,难以到达基片表面,无法形成均匀连续的薄膜。

3.1.2 饱和蒸气压和蒸气压方程

一定温度下,真空室内蒸发物质的蒸气与固体或液体平衡过程中所表现的压力称为该物质的饱和蒸气压,用 P_v 表示。此时,蒸发物表面液相、气相处于动态平衡,即到达液相表面的分子全部粘接而不脱离,与从液相到气相的分子数相等。

物质的饱和蒸气压随温度的上升而增大,在一定温度下,各种物质的饱和蒸气压并不相同,但是每种物质都具有恒定的数值。即一定的饱和蒸气压必定对应一定物质的温度,其对温度非常敏感,温度变化10%,饱和蒸气压变化大约1个数量级。饱和蒸气压表征了物质的蒸发能力。规定物质在饱和蒸气压为 10^{-2}Torr 时的温度,称为该物质的蒸发温度。

描述饱和蒸气压 P_v 与温度 T 之间的数学表达式称为蒸气压方程。可从克拉伯龙-克劳修斯(Clapeylon-Calusius)方程式推导出来,具体的表达式如式(3-1)所示:

$$\frac{dP_v}{dT} = \frac{H_v}{T(V_g - V_s)} \tag{3-1}$$

式中,H_v 为摩尔气化热或蒸发热(J/mol);V_g 和 V_s 分别为气相和固相或液相的摩尔体积(cm^3);T 为热力学温度(K)。

因为 $V_g \gg V_s$,并且假设在低气压下蒸气分子符合理想气体状态方程,则有

$$V_g - V_s \approx V_g, \quad V_g = \frac{RT}{P_v} \tag{3-2}$$

式中,R 是普适气体常数,其值为 8.314J/(mol·K)。因此,方程式(3-1)可写为

$$\frac{dP_v}{P_v} = \frac{H_v \cdot dT}{RT^2} \tag{3-3}$$

也可写为

$$\frac{d(\ln P_v)}{d(1/T)} = \frac{-H_v}{R}$$

由于气化热 H_v 通常随温度只有微小的变化,故可近似地把 H_v 看作常数,于是对式(3-3)求积分得

$$\ln P_v = C - \frac{H_v}{RT} \tag{3-4}$$

式中,C 为积分常数。式(3-4)常采用对数表示为

$$\lg P_v = A - \frac{B}{T} \tag{3-5}$$

式中,A、B 为常数,$A = C/2.3$,$B = H_v/(2.3R)$,A、B 的值可由实验确定。而且,实际上

P_v 与 T 之间的关系也多由实验确定，且有 $H_v = 19.12B$(J/mol)的关系存在。式(3-5)即为蒸镀材料的饱和蒸气压与温度之间的近似关系式。对于大多数材料而言，在蒸气压小于133Pa 的比较窄的温度范围内，式(3-5)才是一个精确的表达式。

表 3-1 给出了常用金属的饱和蒸气压与温度之间的关系，饱和蒸气压随温度升高而迅速增加，并且达到正常蒸发速率所需温度，即饱和蒸气压约为 1Pa 时的温度(已经规定物质在饱和蒸气压为 10^{-2}Torr 时的温度，称为该物质的蒸发温度)。

表 3-1 常用金属的饱和蒸气压与温度之间的关系

金属	摩尔质量/(g/mol)	不同饱和蒸气压 P_v(Pa)下的温度 T/K						熔点/K	蒸发速率*
		10^{-8}	10^{-6}	10^{-4}	10^{-2}	10^{0}	10^{2}		
Au	197	964	1080	1220	1405	1670	2040	1337	6.1
Ag	107.9	759	847	958	1105	1300	1605	1235	9.4
In	114.8	677	761	870	1015	1220	1520	430	9.4
Al	27	860	958	1085	1245	1490	1830	933	18
Ga	69.7	796	892	1015	1180	1405	1745	303	11
Si	28.1	1145	1265	1420	1610	1905	2330	1687	15
Zn	65.4	354	396	450	520	617	760	693	17
Cd	112.4	310	347	392	450	538	665	594	14
Te	127.6	385	428	482	553	647	791	723	12
Se	79	301	336	380	437	516	636	453	17
As	74.9	340	377	423	477	550	645	1090	17
C	12	1765	1930	2140	2410	2730	3170	3823	19
Ta	181	2020	2230	2510	2860	3330	3980	3290	4.5
W	183.8	2150	2390	2580	3030	3500	4180	3695	4.5

*单位：$N\times10^{17}$cm$^{-2}\cdot$s^{-1}($P\approx$1Pa，黏附系数 $\alpha\approx$1)。

因此，在真空条件下蒸发物质要比常压下容易得多，所需蒸发温度也大大降低，蒸发过程也将大大缩短，蒸发速率显著提高。饱和蒸气压与温度的关系可以帮助我们合理地选择蒸镀材料及确定蒸镀条件。

3.1.3 蒸发速率

根据气体分子运动论，在处于热平衡状态时，压强为 P 的气体在单位时间内碰撞单位面积器壁的分子数为

$$J = \frac{1}{4}nv_a = \frac{P}{\sqrt{2\pi mkT}} \tag{3-6}$$

式中，n 为分子密度；v_a 为算术平均速率；m 为分子质量；k 为玻尔兹曼常数。如果考虑在实际蒸发过程中，并非所有蒸发分子全部发生凝结，式(3-6)可改写为

$$J = \alpha P_v / \sqrt{2\pi mkT} \tag{3-7}$$

式中，α 为冷凝系数，一般 $\alpha \leqslant 1$；P_v 为饱和蒸气压。

设蒸镀材料表面液相、气相处于动态平衡，到达液相表面的分子全部粘接而不脱离，与从液相到气相的分子数相等，则蒸发速率可表示为

$$J_e = \frac{dN}{A \cdot dt} = \frac{\alpha_e(P_v - P_h)}{\sqrt{2\pi mkT}} \tag{3-8}$$

式中，N 为蒸发分子或原子数；α_e 为蒸发系数；A 为蒸发表面积；t 为时间(s)；P_v 和 P_h 分别为饱和蒸气压与液体静压(Pa)。

当 $\alpha_e = 1$，$P_h = 0$ 时，得最大蒸发速率为

$$\begin{aligned} J_m &= \frac{dN}{Adt} = \frac{P_v}{\sqrt{2\pi mkT}} \\ &\approx 3.51 \times 10^{22} P_v / \sqrt{TM} \quad (P_v \text{单位为Torr}, J_m \text{单位为个}/(\text{cm}^2 \cdot \text{s})) \\ &\approx 2.26 \times 10^{24} P_v / \sqrt{TM} \quad (P_v \text{单位为Pa}, J_m \text{单位为个}/(\text{cm}^2 \cdot \text{s})) \end{aligned} \tag{3-9}$$

式中，M 为蒸发物质的摩尔质量。如果将式(3-9)乘以原子或分子质量，则得到单位面积的质量蒸发速率为

$$\begin{aligned} G &= mJ_m = \sqrt{\frac{m}{2\pi kT}} \cdot P_v \\ &\approx 5.83 \times 10^{-2} \sqrt{\frac{M}{T}} \cdot P_v \quad (P_v \text{单位为Torr}, G \text{的单位为g}/(\text{cm}^2 \cdot \text{s})) \\ &\approx 4.37 \times 10^{-3} \sqrt{\frac{M}{T}} \cdot P_v \quad (P_v \text{单位为Pa}, G \text{的单位为kg}/(\text{m}^2 \cdot \text{s})) \end{aligned} \tag{3-10}$$

此式是描述蒸发速率的重要表达式，它确定了蒸发速率、饱和蒸气压和温度之间的关系。必须指出，蒸发速率除与蒸发物质的摩尔质量、热力学温度和蒸发物质在温度 T 时的饱和蒸气压有关外，还与材料自身的表面洁净度有关。特别是蒸发源温度变化对蒸发速率影响极大，在蒸发温度以上进行蒸发时，蒸发源温度的微小变化即可引起蒸发速率发生很大变化。因此，在制膜过程中要想控制蒸发速率，必须精确控制蒸发源的温度，加热时应尽量避免产生过大的温度梯度。

3.2 蒸发源的蒸发特性及膜厚分布

真空蒸发镀膜过程中，能否在基片表面获得均匀的膜厚，是制备薄膜的关键问题。基片上不同蒸发位置的膜厚，取决于蒸发源的蒸发(或发射)特性、基片与蒸发源的几何形状、相对位置以及蒸发物质的蒸发量。

为了建立合适的模型，对膜厚进行理论计算，找出其分布规律，对蒸发过程做如下假设：

(1) 蒸发原子或分子与残余气体分子间不发生碰撞；
(2) 在蒸发源附近的蒸发原子或分子之间不发生碰撞；

(3) 蒸发沉积到基片上的原子不发生再蒸发现象，即第一次碰撞就凝结于基片表面上。

上述假设的实质就是设每一个蒸发原子或分子，在入射到基片表面上的过程中均不发生任何碰撞，而且到达基片后又全部凝结，这时的真空压强需要 10^{-3}Pa。

蒸发源的种类众多，下面分别介绍两种最常用的蒸发源。

3.2.1 点蒸发源

通常将能够从各个方向蒸发等量材料的微小球状蒸发源称为点蒸发源，简称点源，是理想化模型。一个很小的球 dS，以每秒 m 克的相同蒸发速率向各个方向蒸发(图 3-2)，在单位时间内的任何方向上，如图 3-3 所示，立体角为 $d\omega$ 时的蒸镀材料总量为 dm，则有

$$dm = \frac{m}{4\pi} d\omega \quad (3\text{-}11)$$

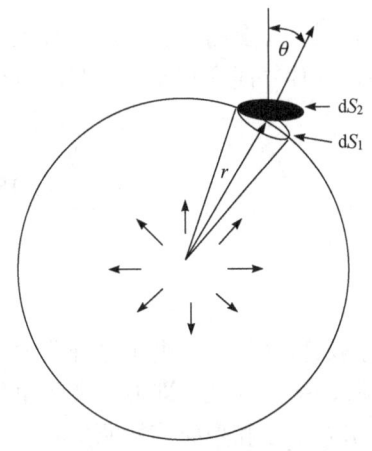

图 3-2　点蒸发源示意图

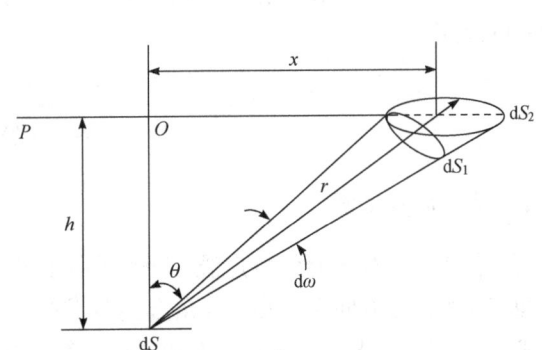

图 3-3　点蒸发源的发射特性

因此，蒸镀材料到达与蒸发方向成 θ 角的小平面 dS_2，如果 dS_2 的几何尺寸已知时，沉积在此面积上的膜材厚度与数量即可求得。由图 3-3 可知：

$$dS_1 = dS_2 \cdot \cos\theta$$

$$dS_1 = r^2 \cdot d\omega$$

则有

$$d\omega = \frac{dS_2 \cdot \cos\theta}{r^2} = \frac{dS_2 \cdot \cos\theta}{h^2 + x^2} \quad (3\text{-}12)$$

式中，r 是点源与基片上被观察膜厚点的距离。所以，蒸镀材料到达 dS_2 上的蒸发速率 dm 可写为

$$dm = \frac{m}{4\pi} \cdot \frac{\cos\theta}{r^2} \cdot dS_2 \quad (3\text{-}13)$$

假设蒸发膜的密度为 ρ，单位时间内沉积在 dS_2 上的膜厚为 t，则沉积到 dS_2 上的薄

膜体积为 $t \cdot dS_2$，故有

$$dm = \rho t \cdot dS_2 \qquad (3\text{-}14)$$

将式(3-14)代入式(3-13)，则可得基片上任意一点的膜厚：

$$t = \frac{m}{4\pi\rho} \cdot \frac{\cos\theta}{r^2} \qquad (3\text{-}15)$$

经整理后，得

$$t = \frac{mh}{4\pi\rho r^3} = \frac{mh}{4\pi\rho\left(h^2 + x^2\right)^{3/2}} \qquad (3\text{-}16)$$

当 dS_2 在点源的正上方，即 $\theta = 0°$ 时，$\cos\theta = 1$，用 t_0 表示原点处的膜厚，则有

$$t_0 = \frac{m}{4\pi\rho h^2} \qquad (3\text{-}17)$$

显然，t_0 是在基片平面内所能得到的最大厚度。计算任一位置的薄膜厚度与最大厚度的比值，通过归一化的方式获得薄膜的分布情况，则在基片平面内膜厚分布状况可用式(3-18)表示：

$$\frac{t}{t_0} = \frac{1}{\left[1 + (x/h)^2\right]^{3/2}} \qquad (3\text{-}18)$$

3.2.2 小平面蒸发源

用小型平面蒸发源代替点源，进行小平面蒸发源的蒸发特性分析。由于这种蒸发源的发射特性具有方向性，使在 θ 角方向蒸发的材料质量和 $\cos\theta$ 成正比，即遵从余弦角分布规律，如图 3-4 所示。θ 是平面蒸发源法线与接收平面 dS_2 中心和平面蒸发源中心连线之间的夹角，则膜材从小型平面 dS 上以每秒 m 克的速率进行蒸发时，其在单位时间内通过与该小平面的法线成 θ 角方向的立体角 $d\omega$ 的蒸发量 dm 为

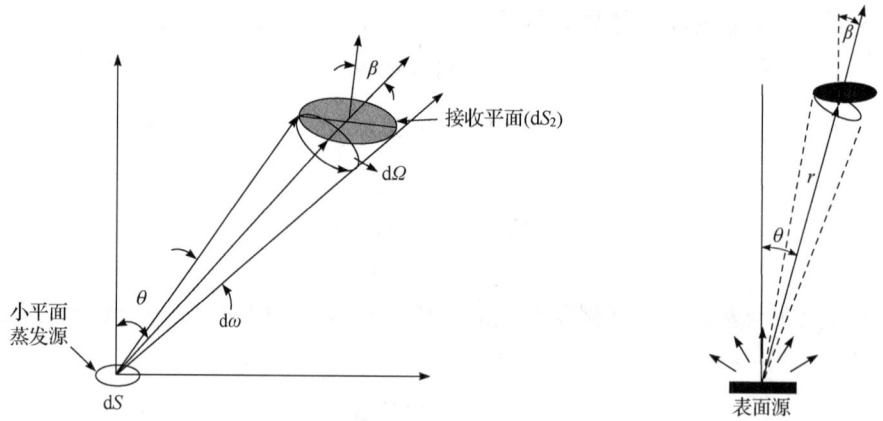

图 3-4 接收角度对沉积厚度的影响与小平面蒸发源示意图

$$dm = \frac{m}{\pi} \cdot \cos\theta \cdot d\omega \quad (3\text{-}19)$$

式中，$1/\pi$ 是因为小平面蒸发源的蒸发范围局限在半球形空间。如果蒸镀材料到达与蒸发方向成 θ 角的小平面 dS_2 的几何面积已知，则沉积在该小平面薄膜的蒸发速率即可求出，因为式(3-12)已有

$$dS_1 = dS_2 \cdot \cos\beta, \quad dS_1 = r^2 \cdot d\omega, \quad d\omega = \frac{dS_2 \cdot \cos\beta}{r^2}$$

故有

$$dm = \frac{m\cos\theta\cos\beta dS_2}{\pi r^2} \quad (3\text{-}20)$$

将 $dm = \rho t \cdot dS_2$ 代入式(3-20)，可得到采用小平面蒸发源时，基片上任意一点的膜厚 t 为

$$t = \frac{m}{\pi\rho} \cdot \frac{\cos\theta\cos\beta}{r^2} = \frac{mh^2}{\pi\rho\left(h^2+x^2\right)^2} \quad (3\text{-}21)$$

当 dS_2 在小平面蒸发源正上方时（$\theta = 0°$，$\beta = 0°$），用 t_0 表示该点的膜厚：

$$t_0 = \frac{m}{\pi\rho h^2} \quad (3\text{-}22)$$

t_0 是基片平面内所得到的最大蒸发膜厚。基片平面内其他各处的膜厚分布，即 t 与 t_0 之比为

$$\frac{t}{t_0} = \frac{1}{\left[1+(x/h)^2\right]^2} \quad (3\text{-}23)$$

图 3-5 比较了点蒸发源与小平面蒸发源两者的相对膜厚分布曲线。另外，比较式(3-16)和式(3-21)，可以看出两种蒸发源在基片上所沉积的膜层厚度虽然很近似，但是由于蒸发源不同，在给定蒸镀材料、蒸发源和基片距离的情况下，小平面蒸发源的最大厚度可为点蒸发源的 4 倍左右。这一点也可从式(3-17)与式(3-22)的比较中得出。

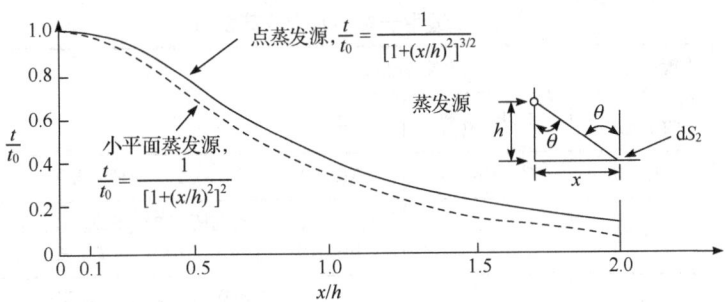

图 3-5　沉积膜厚在平面上的分布

3.2.3　实际蒸发源的特性

利用上述蒸发膜厚的公式，结合具体所用的蒸发源，按其各自的发射特性，可对膜

厚进行近似的计算。发针形蒸发源或电子蒸发源中的熔融材料为球形,与点蒸发源近似。舟式蒸发源中,若蒸镀材料熔融时与舟不浸润,从舟中蒸发时也呈球形,但位于舟源表面处的蒸镀材料使原来向下蒸发的粒子重新向上蒸发,故与小平面蒸发源近似。蒸镀材料润湿的螺旋丝状蒸发源是理想的柱形蒸发源。锥形篮式蒸发源在各圈间隔很小时,其发射特性与平面蒸发源近似。坩埚蒸发源可看作表面蒸发源或高度定向的蒸发源。磁控靶源可看作大面积(平面或圆柱面)蒸发源。

蒸发源的发射特性是比较复杂的问题,为了得到较均匀的膜厚还必须注意源和基片的配置,或使基片公转加自转等。

3.3 蒸发源的类型

蒸发源是真空蒸发镀膜装置中实现金属蒸镀材料蒸发的关键部件,大多金属材料都要求在 1000~2000℃ 的高温下蒸发。因此,必须将蒸镀材料加热到很高的蒸发温度。最常用的加热方式有电阻法、电子束法、高频感应法等。下面对不同加热方式的蒸发源进行讨论。

3.3.1 电阻蒸发源

电阻蒸发源是一种传统的蒸发源,通常采用钽、钼、钨等高熔点金属,做成适当形状的蒸发源,在其上装入蒸镀材料,利用电流通过材料的电阻加热效应,将材料加热到蒸发温度,从而使其蒸发;或者把蒸镀材料放入 Al_2O_3、BeO 等坩埚中进行间接加热蒸发。电阻蒸发源由于结构简单、廉价易制作,所以是一种应用很普遍的蒸发源。

电阻蒸发源适用于金属、半导体、氧化物等多种材料的蒸发。其中,金属具有良好的电导性和热导性,易于通过电阻加热实现蒸发,适用于各种元素的蒸发源如表 3-2 所示。半导体和氧化物等材料的电阻率较高,需要较高的加热功率才能使其达到蒸发温度。此外,对于易挥发或易氧化的材料,电阻蒸发源也可以通过在真空高温环境下提高蒸发速率,避免材料损失和氧化。

表 3-2 适用于各种元素的蒸发源

元素	熔点/K	平衡蒸气压达到 10^{-2}Torr 时的温度/K	蒸发源材料		备注
			丝状、片状	坩埚	
Ag	1234	1303	Ta、Mo、W	Mo、C	按合适程度排列,与 W 不浸润
Al	932	1493	W	BN、TiC/C、TiB_2-BN	可与所有 RM 形成合金,难以蒸发,高温下能与 Ti、Zr、Ta 反应
Au	1336	1673	Mo、W	Mo、C	浸润 W、Mo;与 Ta 形成合金,Ta 不宜作为蒸发源
Ba	983	883	W、Mo、Ta、Ni、Fe	C	不能形成合金,浸润 RM,在高温下与大多数氧化物发生反应
Bi	544	943	W、Mo、Ta、Ni	Al_2O_3、C	蒸气有毒

续表

元素	熔点/K	平衡蒸气压达到 10^{-2} Torr 时的温度/K	蒸发源材料		备注
			丝状、片状	坩埚	
Ca	1123	873	W	Al_2O_3	在 He 气氛中豫溶解去气
Co	1773	1793	W	Al_2O_3、BeO	与 W、Pt、Ta 等形成合金
Cr	2173	1673	W	C	
Cu	1357	1533	W、Mo、Ta、Nb	Al_2O_3、C、Mo	不能直接浸润 W、Mo、Ta
Fe	1809	1753	W	Al_2O_3、BeO、ZrO_2	与所有 RM 形成合金，宜采用 EBV
Ge	1213	1673	W、Mo、Ta	Al_2O_3、C	对 W 溶解度小，浸润 RM，不浸润 C
In	429	1223	W、Mo	Mo、C	
La	1193	2003			宜采用 EBV
Mg	923	713	W、Mo、Ta、Ni、Fe	Fe、Al_2O_3、C	
Mn	1517	1213	W、Mo、Ta	Al_2O_3、C	浸润 RM
Ni	1723	1803	W	Al_2O_3、BeO	与 W、Mo、Ta 等形成合金，宜采用 EBV
Pb	600	988	Fe、Ni、Mo	Fe、Al_2O_3	不浸润 RM
Pd	1823	1733	W(镀 Al_2O_3)	Al_2O_3	与 RM 形成合金
Pt	2046	2363	W	ThO_2、ZrO_2	与 Ta、Mo、Nb 形成合金，与 W 形成部分合金，宜采用 EBV 或溅射
Sn	505	1523	Ni-Cr 合金、Mo、Ta	Al_2O_3、C	浸润 Mo，且浸蚀
Ti	2000	2013	W、Ta	C、ThO_2	与 W 反应，不与 Ta 反应，熔化过程中有时 Ta 会断裂
V	2163	2123	W、Mo	Mo	浸润 Mo，但不会形成合金；在 W 中的溶解度很小，与 Ta 形成合金
Zn	693	618	W、Ta、Mo	Al_2O_3、Fe、C、MO	浸润 RM，但不会形成合金
Zr	2125	2673	W		浸润 W，溶解度很小

注：RM-高熔点金属；EBV-电子束蒸发。

采用电阻加热法时需考虑蒸发源的材料和形状。

1. 通常对蒸发源材料的要求

(1) 熔点要高，因为蒸镀材料的蒸发温度大多数位于 1000～2000℃，所以蒸发源材料的熔点必须高于此温度，才能有效地对大多数的金属、半导体、氧化物材料进行加热蒸发。

(2) 高温下饱和蒸气压低，主要是防止或减少在高温下蒸发源材料随蒸镀材料蒸发而成为杂质进入蒸镀膜层中。只有蒸发源材料在高温下的饱和蒸气压足够低,才能保证在蒸发时具有最小的自蒸发量,而不至于产生影响真空度和污染膜层质量的蒸气。

(3) 化学性能稳定,在高温下,蒸发源材料不应与蒸镀材料发生任何的化学反应。但是,在电阻加热法中比较容易出现的问题是,在高温下,某些蒸发源材料与蒸镀材料之间会产生反应和扩散而形成化合物和合金。特别是形成低共熔点合金,其影响非常大。例如,在高温时,钽和金会形成合金,铝、铁、镍、钴等也会与钨、钼、钽等蒸发源材料形成合金。而一旦形成低共熔点合金,熔点就会显著下降,蒸发源很容易烧断。因此,应选择不会与蒸镀材料发生反应或形成合金的材料作为该材料的蒸发源材料。各种物质蒸发时采用的蒸发源材料如表3-2所示。

(4) 具有良好的耐热性。热源变化时,功率密度变化较小。

(5) 原料丰富,经济耐用。

根据上述要求,在蒸发镀膜工艺中,常用的蒸发源材料有 W、Mo、Ta 等,以及耐高温的金属氧化物、陶瓷或石墨坩埚。表3-3 列出了 W、Mo、Ta 的主要物理参数。

表 3-3 蒸发源用金属材料的性质

材料	温度/K	电阻率/(μΩ·cm)	蒸气压/Pa	蒸发速率/(g/cm²·s)	光谱辐射率
W (熔点:3380;相对密度:19.3)	27	5.66			0.470
	1027	33.66			0.450
	1527	50.0			0.439
	1727	56.7	1.3×10^{-9}	1.75×10^{-13}	0.435
	2027	66.9	6.3×10^{-7}	7.8×10^{-11}	0.429
	2327	77.4	7.6×10^{-5}	8.8×10^{-9}	0.423
	2527	84.7	1.0×10^{-3}	1.1×10^{-7}	0.419
Mo (熔点:2630;相对密度:10.2)	27	5.63			0.420
	1027	35.2	2.1×10^{-13}	2.5×10^{-17}	
	1527	47.0	8.0×10^{-9}	1.1×10^{-10}	0.367
	1727	53.1	5.0×10^{-5}	5.3×10^{-9}	0.353
	2027	59.2	4.0×10^{-5}	5.0×10^{-7}	
	2327	72.0	1.4×10^{-2}	1.6×10^{-5}	
	2527	78.0	9.6×10^{-3}	1.04×10^{-4}	
Ta (熔点:2980;相对密度:16.6)	27	15.5			0.490
	1027	54.8			0.462
	1527	72.5			0.432
	1727	78.9	1.3×10^{-8}	1.63×10^{-12}	0.421
	2027	88.3	8.0×10^{-8}	9.8×10^{-11}	0.409
	2327	97.4	5.0×10^{-4}	5.5×10^{-8}	0.400
	2527	102.9	7.0×10^{-3}	6.6×10^{-7}	0.394

2. 蒸镀材料对蒸发源材料的"湿润性"

在选择蒸发源材料时,必须考虑蒸镀材料与蒸发源材料之间的湿润性问题。蒸镀材料对蒸发源材料的湿润性与蒸镀材料的表面能大小有关。当高温熔化的蒸镀材料在蒸发源上有扩展倾向时，可以认为是容易湿润的；当在蒸发源上有凝聚而接近于形成球形的倾向时，可以认为是难于湿润的。二者之间的湿润状态如图3-6所示。在湿润的情况下，材料的蒸发是在大平面上发生的且比较稳定，可以认为是平面蒸发源的蒸发；当湿润程度小时，一般可认为是点蒸发源的蒸发。

如果容易发生湿润，蒸镀材料与蒸发源材料之间十分亲和，蒸发状态稳定；如果难以湿润，在采用丝状蒸发源时，蒸镀材料就容易从蒸发源上掉下来，例如，银在钨丝上熔化就会脱落。

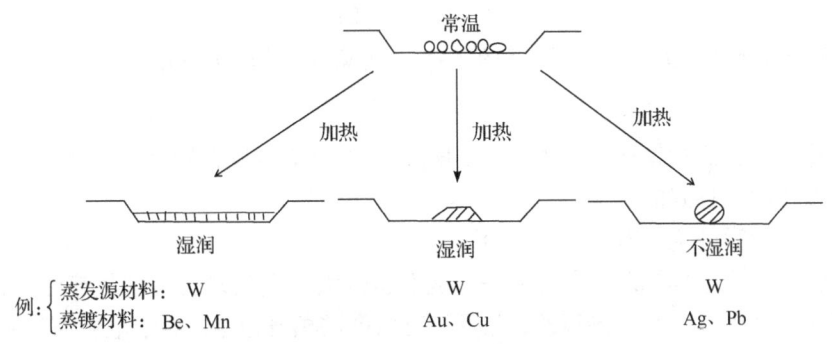

图 3-6　蒸发源材料与蒸镀材料湿润状态

关于蒸发源的形状可根据蒸镀材料的性质，结合考虑蒸发源材料的湿润性，制作成不同的形式和选用不同的蒸发源物质。

电阻蒸发源的不足之处包括以下几点。

蒸发源稳定性：蒸发源通常是加热源，受到温度分布不均匀和材料挥发率的影响，蒸发过程不稳定，导致薄膜厚度和成分的不均匀性。

薄膜成分控制：难以精确控制蒸镀材料的成分和纯度，造成薄膜质量和性能的波动。

成膜效率低：只有一部分蒸镀材料被利用，大部分材料被浪费，成膜效率低。

3.3.2　电子束蒸发源

电子束蒸发源是一种将蒸镀材料放入水冷铜坩埚中，直接利用高能电子束对蒸镀材料进行加热，使其达到升华点从而蒸发，并在基片表面沉积形成薄膜的物理气相沉积方法。电子束蒸发源是真空蒸发镀膜技术中的一种重要的加热方法和发展方向。电子束蒸发源克服了一般电阻加热蒸发源的许多缺点，特别适合制作高熔点薄膜材料和高纯度薄膜材料。

1. 电子束加热原理与特点

电子束加热原理是基于电子在电场作用下，获得动能轰击到处于阳极的蒸镀材料上，使蒸镀材料加热气化，从而实现蒸发镀膜。若不考虑发射电子的初速率，则电子动能 $\frac{1}{2}mv^2$ 与它所具有的电功率相等，即

$$\frac{1}{2}mv^2 = eU \tag{3-24}$$

式中，U 为电子所具有的电位(V)；m 为电子质量(9.1×10^{-31}kg)；e 为电荷量(1.6×10^{-19}C)，得出电子运动速率为

$$v = 5.93\times10^5\sqrt{U}\,(\text{m/s}) \tag{3-25}$$

假如 $U = 10$kV，则电子速率可达 5.93×10^4km/s。高速运动的电子流在一定的电磁场作用下，汇聚成电子束并轰击到蒸镀材料表面，使动能变成热能。若电子束的能量为

$$W = neU = IUt \tag{3-26}$$

式中，n 为电子密度；I 为电子束的束流(A)；t 为束流的作用时间(s)。其产生的热量为

$$Q = 0.24Wt \tag{3-27}$$

在加速电压很高的情况下，所产生的热能足以使蒸镀材料发生气化蒸发，从而成为真空蒸发技术中一种好的热源。

电子束蒸发源的优点有以下几方面。

(1) 电子束轰击热源的束流密度高，能获得远大于电阻蒸发源的能流密度，可以使高熔点(高达 3000℃以上)材料蒸发，并且具有较高的蒸发速率。由于电子束的聚焦能力，可实现复杂形状和多层膜的精确沉积，如蒸发 W、Mo、Ge、SiO_2、Al_2O_3 等。

(2) 由于蒸镀材料被置于水冷坩埚内，容器与蒸镀材料界面处的温度低，因而可避免容器材料的蒸发，以及容器材料与蒸镀材料之间的反应，这对提高镀膜的纯度极为重要。

(3) 热量可直接加到蒸镀材料的表面，因而热效率高，热传导和热辐射的损失少。

(4) 电子束蒸发镀膜系统能够实现对薄膜厚度、成分和结构的高精度控制，同时具备较好的沉积均匀性。

电子束加热源的缺点是电子腔发出的一次电子和蒸镀材料发出的二次电子会使蒸发原子和残余气体分子产生电离，这有时会影响膜层质量，但可通过设计和选用不同结构的电子枪加以解决。多数化合物在受到电子轰击时会部分发生分解，残余气体分子和蒸镀材料分子会部分地被电子所电离，将对薄膜的结构和性质产生影响。另外，电子束蒸发蒸镀装置结构较复杂，因而设备价格较昂贵。

2. 电子束蒸发源的结构形式

电子束蒸发镀膜系统由多个关键组件组成，每个组件都对工艺的稳定性和成膜质量起着重要作用。电子束发射源是系统的核心部件，通常由电子枪、热阴极和阳极组成，通过高压电场产生和加速电子束。真空腔体提供真空环境，防止蒸镀材料与外界气体发生反应，保证薄膜沉积的纯净性和稳定性。基片台支撑待镀膜基片，通常具有旋转、倾斜和加热等功能，以实现对基片的精确控制。监测控制系统包括压力传感器、温度控制器、薄膜厚度计等设备，用于实时监测和调节工艺参数，保证薄膜成膜的精度和稳定性。

依靠电子束轰击蒸镀材料的真空蒸镀技术，根据电子束蒸发源的形式不同，可分为

环形枪、直枪、e形电子枪和空心阴极电子枪等。环形枪依靠环形阴极来发射电子束，经聚焦和偏转后打在容器内，使容器内的材料蒸发，其结构简单，但是功率和效率都不高。

直枪是一种轴对称的直线加速电子枪，电子从阴极灯丝发射，聚焦成细束，经阳极加速后轰击在坩埚中，使蒸镀材料熔化和蒸发。直枪的功率为几百瓦到几千瓦。聚焦线圈和偏转线圈的应用，使直枪的使用较为方便。它不仅可得到高的能量密度（≥100kW/cm²），而且易于调节控制。它的主要缺点是体积大、成本高，另外蒸镀材料会污染枪体结构和存在灯丝逸出的 Na^+ 离子污染等。在电子束的出口处设置偏转磁场，并在灯丝部位制成有一套独立抽气系统的直枪改进型，如图3-7所示，不但避免了灯丝对膜层的污染，而且有利于提高电子枪的寿命。

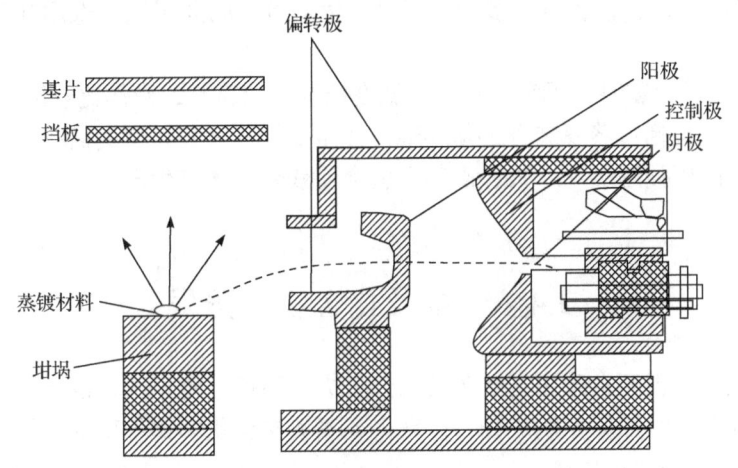

图 3-7 直枪蒸发源简图

e形电子枪即270°偏转的电子枪，它克服了直枪的缺点，是目前用得较多的电子束蒸发源，其结构简图如图3-8所示。e形由电子运动轨迹而得名。由于入射电子与蒸发原子相碰撞而游离出来的正离子，在偏转磁场作用下，产生与入射电子相反方向的运动，

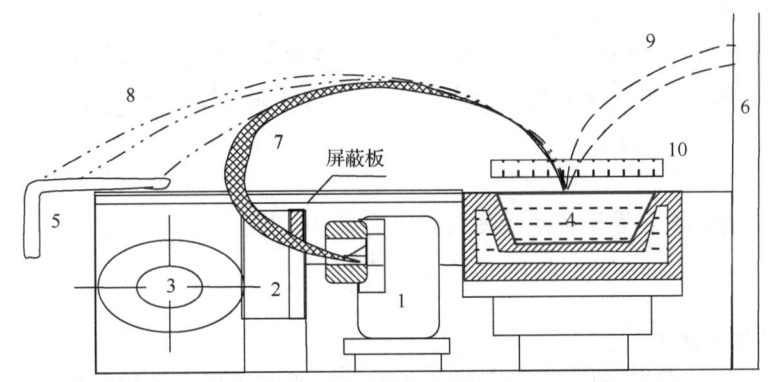

图 3-8 e形电子枪的工作原理

1-发射体；2-阳极；3-电磁线圈；4-水冷坩埚；5-收集极；6-吸收极；7-电子轨迹；8-正离子轨迹；
9-散射电子轨迹；10-等离子体

因而避免了直枪中正离子对蒸镀膜层的污染。同时,e形电子枪也大大减小了二次电子(高能电子轰击材料表面所产生的电子)对基片轰击的概率。

3.3.3 高频感应蒸发源

将装有蒸镀材料的坩埚放在高频螺旋线圈的中央,使蒸镀材料在高频电磁场的感应下产生强大的涡流损失和磁滞损失(对铁磁体),致使蒸镀材料升温,直至气化蒸发。膜材的体积越小,感应的频率就越高。

这种蒸发源的特点如下:

(1) 蒸发速率大,可比电阻蒸发源大10倍左右;

(2) 蒸发源的温度稳定,不易产生飞溅现象;

(3) 当蒸镀材料是金属时,蒸镀材料可产生热量,因此坩埚可选用和蒸镀材料反应最小的材料;

(4) 蒸发源一次装料,无须送料机,温度控制比较容易,操作比较简单。

其缺点主要包括:蒸发装置必须屏蔽,并需要较复杂和昂贵的高频发生器;另外,如果线圈附近的压强超过10^{-2}Pa,高频场就会使残余气体产生电离,功耗增大;功率不能微调。

3.4 合金及化合物的蒸发

合金及化合物也经常采用真空蒸镀的方法进行制备。对于两种以上元素组成的合金或化合物,在蒸发时如何控制成分,以获得与蒸镀材料化学比不变的膜层,是十分重要的问题。

3.4.1 合金的蒸发

当蒸发二元以上的合金时,蒸镀材料在气化过程中,由于各成分的饱和蒸气压不同,其蒸发速率也不同,得不到希望的合金的比例成分,从而引起薄膜成分的偏离,这种现象称为分馏现象。

为了更好地理解上述问题,在此引入理想溶体定律。理想溶体是指各组元在量上可以任何比例互溶,溶解时没有热效应发生,体积具有加和性($V = \sum V_i$)。理想溶体满足以下定律。

(1) 分压定律。

液体的总蒸气压P等于各组元蒸气分压P_i之和,即

$$P = \sum_i P_i \tag{3-28}$$

(2) 拉乌尔定律。

在溶液中,溶剂的饱和蒸气压与溶剂的摩尔分数成正比,其比例常数就是同温度下溶剂单独存在时的饱和蒸气压,即

$$P'_i = P_i x_i \tag{3-29}$$

式中，P_i' 为溶液中溶剂的饱和蒸气分压；P_i 为溶剂单独存在时的饱和蒸气压；x_i 是第 i 元在溶体中所占比例(摩尔数比，或称为摩尔分数)，$x_i = \dfrac{n_i}{n_i + n_j}$，$n_i$、$n_j$ 为第 i、j 元在溶体中摩尔数。

式(3-29)的物理意义为，因为 $x_i < 1$，所以 $P_i' < P_i$；只有 $n_j = 0$(即单组元)时，$x_i = 1$，$P_i' = P_i$。纯溶剂在一定温度 T 下，有一定饱和蒸气压，即单位时间在单位表面积上蒸发的分子数是一定的。若在其中加入少量溶质，单位体积中溶剂分子数量减少，因此溶剂在溶液中饱和蒸气压减小。

合金的蒸发可近似地按拉乌尔定律来处理，例如，当合金含有二元组分时，合金各成分的蒸发速率分别为

$$G_A = 0.058 P_A' \sqrt{M_A / T} \, (\text{g/(cm}^2 \cdot \text{s)}) \tag{3-30}$$

$$G_B = 0.058 P_B' \sqrt{M_B / T} \, (\text{g/(cm}^2 \cdot \text{s)}) \tag{3-31}$$

式中，P_A' 和 P_B' 分别为 A、B 成分在温度 T 时的饱和蒸气压；G_A、G_B 分别为两种成分的蒸发速率；M_A、M_B 分别为两种成分元素的摩尔质量。

A、B 两种成分的蒸发速率之比为

$$\frac{G_A}{G_B} = \frac{P_A'}{P_B'} \cdot \sqrt{\frac{M_A}{M_B}} \tag{3-32}$$

要保证薄膜的成分与蒸镀材料成分完全一致，则必须使 $\dfrac{P_A'}{P_B'} \sqrt{\dfrac{M_A}{M_B}} = 1$。实际上很难做到这一点，如果认为合金中各成分的饱和蒸气压也服从拉乌尔定律，则 P_A'、P_B' 的估计值为

$$P_A' = x_A P_A, \quad x_A = \frac{n_A}{n_A + n_B} \tag{3-33}$$

$$P_B' = x_B P_B, \quad x_B = \frac{n_B}{n_A + n_B} \tag{3-34}$$

故有

$$\frac{P_A'}{P_B'} = \frac{n_A}{n_B} \cdot \frac{P_A}{P_B} \tag{3-35}$$

假设 m_A、m_B 分别为组元金属 A、B 在合金中的质量，W_A、W_B 分别为组元金属 A、B 在合金中的浓度，即有

$$W_A = \frac{m_A}{m_A + m_B}, \quad W_B = \frac{m_B}{m_A + m_B}$$

故有

$$\frac{W_A}{W_B} = \frac{m_A}{m_B} = \frac{n_A M_A}{n_B M_B} \tag{3-36}$$

则可得到

$$\frac{P'_A}{P'_B} = \frac{P_A}{P_B} \cdot \frac{W_A}{W_B} \cdot \frac{M_B}{M_A}$$

因此合金中组元金属 A、B 的蒸发速率之比可改写为

$$\frac{G_A}{G_B} = \frac{P_A}{P_B} \cdot \frac{W_A}{W_B} \cdot \sqrt{\frac{M_B}{M_A}} \tag{3-37}$$

式(3-37)说明,在二元合金中,在组元浓度或百分含量一定情况下,两个组元金属蒸发速率之比与组元的 $P/\sqrt{M}$ 成正比。

拉乌尔定律对合金往往不完全适用,故引入活度系数 S 进行修正,经修正后相应的蒸发速率公式可表示为

$$G_A = 0.058 S_A x_A P_A \sqrt{M_A/T} \tag{3-38}$$

采用真空蒸发法制作预定组成的合金薄膜,经常采用瞬时蒸发法、双源蒸发法等。

1. 瞬时蒸发法

瞬时蒸发法又称为"闪烁"蒸发法。它是将细小的合金颗粒,逐次送到非常炽热的蒸发器或坩埚中,使一个一个的颗粒实现瞬间完全蒸发。如果颗粒尺寸很小,那么几乎能对任何成分进行同时蒸发,故瞬时蒸发法常用于合金中元素的蒸发速率相差很大的场合。瞬时蒸发法的优点是能获得成分均匀的薄膜,可以进行掺杂蒸发等。其缺点是蒸发速率难以控制,且蒸发速率不能太快。

采用这种方法的关键是要求以均匀的速率将蒸镀材料供给蒸发源,以及选择合适的粉末粒度、蒸发温度和落下粉末料的比率。钨丝锥形筐是用作蒸发源的最优结构。如果使用蒸发舟和坩埚,瞬间未蒸发的粉末颗粒就会残存下来,变为普通蒸发,这种情况是不理想的。这种蒸发法已用于各种合金膜(如镍铬合金膜)、Ⅲ-Ⅴ族以及Ⅱ-Ⅵ族半导体化合物膜的制作。对于磁性金属化合物,还成功地制备出了 MnSb、MnSb-CrSb 等薄膜。

2. 双源蒸发法

将要形成合金的每一个成分,分别装入各自的蒸发源中,然后独立地控制各个蒸发源的蒸发速率,使到达基片的各种原子与所需合金薄膜的组成相对应。为使薄膜厚度分布均匀,基片常需要进行转动。

图 3-9 为双源蒸发原理图。采用双源蒸发法有助于提高膜厚分布的均匀性。

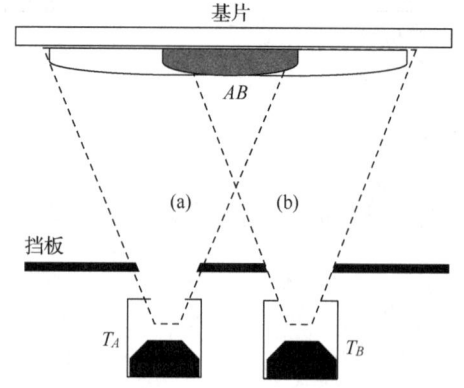

图 3-9 双源蒸发原理图

T_A-物质 A 的蒸发温度;T_B-物质 B 的蒸发温度;(a)-物质 A 的蒸气流;(b)-物质 B 的蒸气流;AB-合金薄膜

3.4.2 化合物的蒸发

化合物的蒸发法有三种:反应蒸发法、三

温度法和分子束外延法。

1. 反应蒸发法

反应蒸发法是指将活性气体导入真空室,使活性气体的原子、分子和从蒸发源逸出的蒸发金属原子、低价化合物分子在基片表面沉积过程中发生反应,从而形成所需高价化合物薄膜的方法。反应蒸发法不仅用于热分解严重的材料,而且用于因饱和蒸气压较低而难以采用电阻加热蒸发的材料。该方法经常被用来制作高熔点的化合物薄膜,特别适合制作过渡金属与易分解吸收的 O_2、N_2 等反应气体所组成的化合物薄膜。

反应蒸发法经常用于制备高熔点的绝缘介质薄膜,如氧化物、氮化硅和硅化物等,而三温度法和分子束外延法主要用于制作单晶半导体化合物薄膜,特别是Ⅲ-Ⅴ族化合物半导体薄膜、超晶格薄膜以及各种单晶外延薄膜等。

在反应蒸发中,蒸发原子或低价化合物分子与活性气体发生反应的位置有三种可能,即蒸发源表面、蒸发源到基片的空间和基片表面。对于蒸发源表面的反应要尽可能避免,因为它会导致蒸发速率降低。空间气相反应的概率通常很低,因为活性反应气体压强 10^{-2}Pa 所对应的平均自由程约为 50cm,此值大于源基距。尽管此时气相分子碰撞的概率可达到 50%左右,但反应的可能性很小,实际上,反应主要发生在基片表面。反应气体分子碰撞在基片上的速率约为 4×10^{16} 个/(cm² · s)。反应过程中,吸附着的反应气体分子或原子渗透到膜层表面并扩散到低势能的间隔处,与入射到基片并被吸附的蒸发原子通过扩散、迁移发生化学反应,形成氧化物或化合物薄膜。

采用反应蒸发法制备薄膜,由于是利用在基片表面上析出或吸附的活性气体分子或原子之间的反应,因此反应能在较低温度下完成。因为在反应过程中并不太强化析出或凝聚作用,因此容易得到均匀分散的化合物薄膜。为了加速反应,可采用蒸发金属和部分活性气体放电的方法使其产生电离。这种方法称为活性反应蒸发法,其原理与活性反应离子度相同。

对于反应蒸发制作的薄膜,其组成和结构主要取决于反应材料的化学性质、反应气体的稳定性、形成化合物的自由能、化合物的分解温度以及反应气体对基片的入射频度、分子离开蒸发源的蒸发速率和基片温度等参数。

2. 三温度法

从原理上讲,三温度法就是双源蒸发法,三温度法的原理图如图 3-10 所示。把Ⅲ-Ⅴ族化合物半导体材料置于坩埚内加热蒸发时,温度在沸点以上,半导体材料就会发生热分解,分馏出组分元素,沉积在基片上的膜层会偏离化合物的化学计量比。

这种方法是分别控制低蒸气压元素(Ⅲ族)

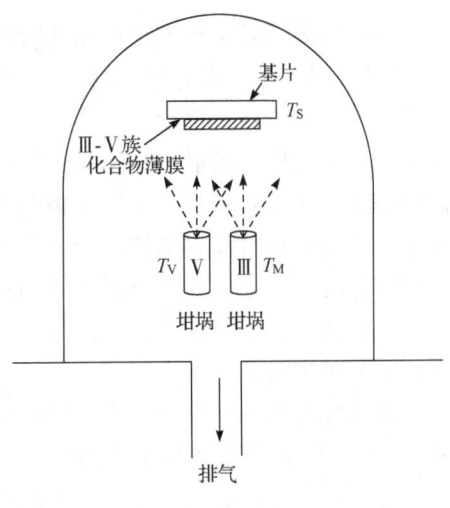

图 3-10 三温度法原理图

的蒸发源温度 T_M、高蒸气压元素(V族)的蒸发源温度 T_V 和基片温度 T_S 三种温度。

3. 分子束外延法

外延是一种制备单晶薄膜的新技术，它是在适当的衬底与合适的条件下，沿衬底材料晶轴方向生长一层结晶结构完整的新单晶薄膜的方法，新生单晶层称为外延层。典型的外延方法有液相外延法、气相外延法和分子束外延法。

分子束外延(molecular beam epitaxy，MBE)法是新发展起来的外延制膜方法，也是一种特殊的真空镀膜工艺。它是在超高真空条件下，将薄膜所需诸组元素的分子束流，直接喷到衬底表面，从而在其上形成外延层的技术，分子束外延装置的原理图如图3-11所示。其突出的优点是能生长极薄的单晶膜层，且能够精确控制膜厚、组分和掺杂，适用于制作微波、光电和多层结构器件，从而为集成光电和超大规模集成电路的发展提供了有效手段。

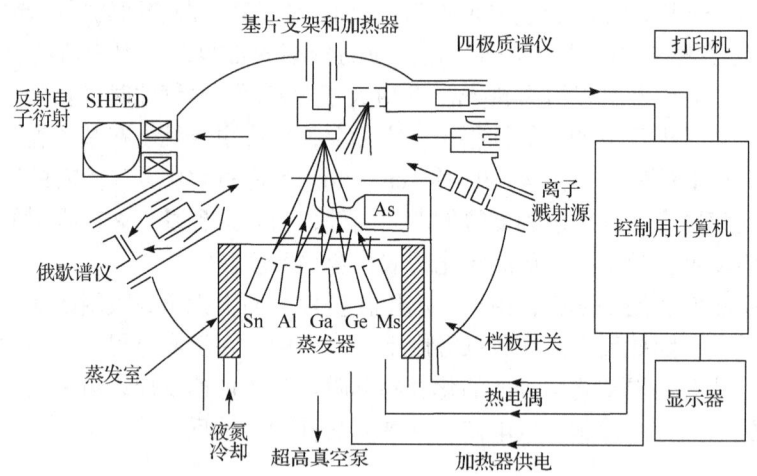

图 3-11　计算机控制的分子束外延装置原理图

分子束外延是一种生长单晶薄膜的先进技术，它将不同的高纯度材料(如 As、Ga、Al、Sb)分别放置在特定的坩埚炉中，坩埚炉可以通过电加热和液氮循环制冷，能够精准地控制炉底和炉口的温度。在高温状态下，高纯度的材料受热将会以蒸发的气态束流状在高真空的腔体内喷射。将不同种类的气态束流按照不同比例同时喷射在一块特定温度的衬底上，该衬底是具有一定晶格的材料衬底，气态束流会在该衬底上形成相应的结晶薄膜，随着喷射时间的推移，结晶薄膜会扩展与累积，结晶厚度和面积随之增加。一般通过控制时间和束流大小方式来控制结晶厚度，通过改变不同类型材料的喷射顺序和比例，来调整生长结晶种类，以此来生长出不同类型的材料。对于没有形成固态的气态分子，其将被抽走。

常见化合物半导体用分子束外延系统主要分为 4 个部分：超高真空系统、快速进样系统、生长系统和原位监测系统。

超高真空系统包括进样室、分配室和生长室三级真空室。通过多组真空泵维持设备的真空度，腔体连接电阻规和离子规，用于测量真空度。

快速进样系统通过可伸缩并转动的机械手，快速有效地在各个腔室之间转移样品。利用快速进样系统，可以避免打开真空室，防止水汽等分子进入真空室，导致真空环境变差。

生长系统包括用于衬底加热的样品台、提供稳定的金属束流的金属源炉以及提供反应源活性气体粒子的等离子体源炉。

原位监测系统包括残留气体分析仪，用于检测残留气体成分，以及反射式高能电子衍射仪，用于监测生长过程。

MBE的主要技术特征是在超高真空条件下进行操作，这样分子或原子的热运动平均自由程就足够长。在源炉中，源材料被加热到适当的高温后，其分子或原子会从表面蒸发或升华出来，而无须碰撞就能直接喷射到单晶衬底表面。同时，衬底维持在适当的温度下，使得喷射到表面的分子或原子经过一系列复杂的过程，如吸附、迁移、结合和分解，最终在衬底表面形成高质量的单晶薄膜材料。黏附系数通常用于描述分子束与衬底表面之间的关系，它是单位表面在单位时间内吸附的分子数目与源炉分子束入射流的比值。黏附系数受到多种因素的影响，包括衬底材料、入射分子束的种类、衬底温度和生长室真空度等。

MBE技术以其对薄膜生长和质量的精确控制而在材料科学和器件工程中扮演着重要角色。其高度精确生长控制和对多种材料的生长能力使其在半导体器件制造、光电子器件、量子器件等领域得到广泛应用。随着技术不断发展，MBE技术也在不断演进，以满足不同材料和器件的特定需求，预计将在更多领域得到应用。

在分子束外延设备中，真空腔室是至关重要的组成部分，它提供了必要的真空环境，以确保材料生长的质量和稳定性。这些真空腔室必须具有高度的密封性、良好的压力容限和热稳定性，并且需要采用特殊的材料和制造工艺。

在现代MBE系统中，腔室结构和疏散系统经过精心设计，通常由三个不锈钢腔室组成，并通过真空阀串联起来。为了保证设备的高精度和可靠性，真空阀门必须具有极高的密封性和开关精度，而制造真空腔体零件则需要高度精密的制造工艺，对材料、加工工艺、尺寸精度和表面洁净度等方面的要求非常严格，同时需要采用先进的设备和工艺来保证制造的质量和稳定性。

材料选择需要考虑到高温、低温和化学腐蚀等因素，加工工艺需要确保尺寸精度和表面洁净度。同时，还需要采用一些高精密的加工技术，如激光加工、电化学加工等，以及先进的材料科学技术，如化学气相沉积和物理气相沉积。随着MBE技术的不断发展，对真空腔体部件的需求也在不断增加，每个腔室都配备有强大的真空抽气系统，包括高效的泵，如涡轮分子泵和离子泵。

硅的外延生长：含有硅原子的气体以适当的方式通过衬底，由反应剂分子释放出的原子在衬底上运动直到它们到达适当的位置，并成为生长源的一部分，在适当的条件下就得到单一的晶向。所得到的外延层为单晶衬底的延续。硅外延生长的意义是在具有一定晶向的硅单晶衬底上生长一层晶体，该晶体具有和衬底相同的晶向，但电阻率与厚度不同，且晶格结构完整性好。它是在一定条件下，在经过切、磨、抛等仔细加工的单晶衬底上，生长一层合乎要求的单晶层的方法。

半导体分立元器件和集成电路制造工艺需要外延生长技术，因半导体中所含的杂质有 N 型和 P 型，通过不同类型的组合，使半导体器件和集成电路具有各种各样的功能，应用外延生长技术就能容易实现。

为了提高外延层的完整性，在外延生长前应在反应室中进行原位化学腐蚀抛光，以获得洁净的硅表面。常用的化学腐蚀剂为干燥的 HCl 或 HBr，在使 SiH_4 外延生长时，由于 SF_6 具有无毒和非选择性、低温腐蚀的特点，所以可用它作腐蚀抛光剂。为了控制外延层的电特性，通常使用液相或气相掺杂法。作为 N 型掺杂剂的有 PCl_3、PH_3 和 $AsCl_3$，而作为 P 型掺杂剂的有 BCl_3、BBr_3 和 B_2H_6 等。

外延生长的特点如下：
(1) 低(高)阻衬底上外延生长高(低)阻外延层；
(2) P(N)型衬底上外延生长 N(P)型外延层；
(3) 与掩膜技术结合，在指定的区域进行选择外延生长；
(4) 外延生长过程中根据需要改变掺杂的种类及浓度；
(5) 生长异质、多层、多组分化合物且组分可变的超薄层；
(6) 实现原子级尺寸厚度的控制；
(7) 生长不能拉制单晶的材料。

3.5 薄膜厚度的分类与测量

薄膜的性质和结构主要取决于薄膜的成核与生长过程，实际上受到许多沉积工艺参数的影响，如沉积速率、粒子速率与角分布、粒子性质、衬底温度及真空度等。在气相沉积技术中，为了监控薄膜的性能与生长过程，必须对沉积工艺参数进行有效的测量与监测。在所有沉积技术中，膜厚是最重要的薄膜沉积参数。从原则上来讲，与膜厚相关的任何物理量都能用来确定膜厚。但是，实际并非如此，因为与膜厚有关的大部分物理性质，都受到微观结构的强烈影响，即受沉积参数的影响。

3.5.1 薄膜厚度的分类

薄膜是指在基片的垂直方向上所堆积的 $1\sim 10^4$ 的原子层或分子层，在此方向上，薄膜具有微观结构。理想的薄膜厚度是指基片表面和薄膜表面之间的距离。由于薄膜仅在厚度方向是微观的，其他的两维方向具有宏观大小，所以表示薄膜的形状一定要用宏观方法，即采用长、宽、厚的方法。因此，膜厚既是一个宏观概念，又是微观上的实体线度。由于实际上存在的表面是不平整和连续的，而且薄膜内部还可能存在着针孔、杂质、晶格缺陷和表面吸附分子等，所以要严格地定义和精确测量薄膜的厚度实际上是比较困难的。膜厚的定义应根据测量的方法和目的来决定。

经典模型认为物质的表面并不是一个抽象的几何概念，而是由刚性球的原子(分子)紧密排列而成，是实际存在的一个物理概念。图 3-12 是实际表面和平均表面的示意图。

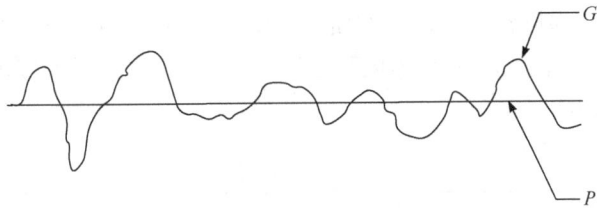

图 3-12　实际表面和平均表面示意图

G-实际表面；*P*-平均表面

平均表面是指表面原子所有的点到这个面的距离代数和等于零，是一个几何概念。通常，将基片一侧的表面分子的集合的平均表面称为基片表面 S_S；薄膜上不与基片接触的那一侧的表面的平均表面称为薄膜的形状表面 S_T；将所测量的薄膜原子重新排列，使其密度和块状材料相同且均匀分布在基片表面上，这时的平均表面称为薄膜质量等价表面 S_M；根据测量薄膜的物理性质，将其等效为一定长度和宽度、与所测量的薄膜相同尺寸的块状材料的薄膜，这时的平均表面称为薄膜物性等价表面 S_P，示意图如图 3-13 所示。由此可以定义以下几点：

(1) 形状膜厚 d_T 是 S_S 和 S_T 面之间的距离；

(2) 质量膜厚 d_M 是 S_S 和 S_M 面之间的距离；

(3) 物性膜厚 d_P 是 S_S 和 S_P 面之间的距离。

形状膜厚 d_T 是最接近于直观形式的膜厚，通常以 μm 或 nm 为单位。d_T 只与表面原子(分子)有关，并且包含着薄膜内部结构的影响；质量膜厚 d_M 反映了薄膜中包含物质的多少，通常以 μg/cm^2 为单位，它消除了薄膜内部结构的影响(如缺陷、针孔、变形等)；物性膜厚 d_P 在实际使用上较为有效，而且比较容易测量，它与薄膜内部结构和外部结构无直接关系，主要取决于薄膜的性质(如电阻率、透射率等)。三种定义的膜厚往往满足下列不等式：$d_T \geqslant d_M \geqslant d_P$。

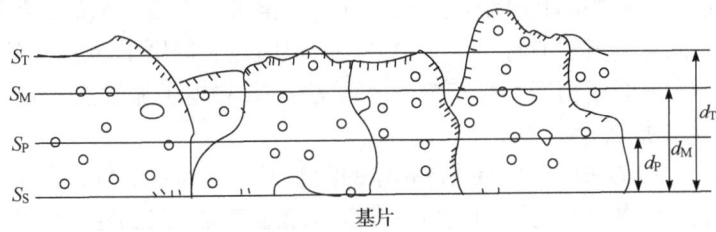

图 3-13　假想的薄膜剖面和膜厚定义示意图

/////-吸附层、氧化层及其他分子的扩散层；◠-气孔；○-空隙、凝聚等晶格缺陷；～-晶粒界面

薄膜均匀性指的是薄膜在整个晶圆上的厚度分布的一致性。良好的均匀性说明薄膜在晶圆上的每个位置的厚度非常接近。

由于实际表面的不平整性以及薄膜不可避免有各种缺陷、杂质和吸附分子等存在，所以无论用哪种方法来定义和测量膜厚，都包含着平均化的统计概念，而且所得膜厚的平均值是包含杂质、缺陷以及吸附分子在内的薄膜的厚度值。三种膜厚的测试方法如表 3-4 所示。在形状膜厚的测量方法中，触针法和多次反射干涉法最常用，由它们所确定的膜厚确实由表面的形状所决定。在质量膜厚测量中，天平法最常用，但难以实现自动测试。为此，多采用使用石英晶体振荡法代替。一般来说，只要厚度随薄膜物性变化，都能用于物性厚度的测量。

表 3-4 厚度的测量方法

厚度定义	测试手段	测试方法
形状膜厚	机械方法	触针法、测微计法
	光学方法	多次反射干涉法、双光线干涉法
	其他方法	电子显微镜法
质量膜厚	质量测定法	化学天平法、微量天平法、扭力天平法、石英晶体振荡法
	原子数测定法	比色法、X 射线荧光法、离子探针法、放射性分析法
物性膜厚	电学方法	电阻法、电容法、涡流法、电压法
	光学方法	干涉色法、椭圆偏振法、光吸收法

3.5.2 薄膜厚度的测量

厚度是一个非常重要的参数，通常指薄膜的几何厚度，直接关系到薄膜材料能否正常工作，如大规模集成电路的生产工艺中的各种薄膜，由于电路集成程度的不断提高，薄膜厚度的任何微小变化，对集成电路的性能都会产生直接的影响，因此需要精确地测量薄膜的厚度。

薄膜厚度的测量方法有很多，按照测量的方式可以分为两类：直接测量和间接测量。直接测量指应用测量仪器，通过接触(或光接触)直接感应出薄膜的厚度，常见的直接测量法有螺旋测微法、精密轮廓扫描法(台阶法)、扫描电子显微法；间接测量指根据一定对应物理关系，将相关的物理量经过计算转化为薄膜的厚度，从而达到测量薄膜厚度的目的。常见的间接测量法有称量法、电容法、电阻法、等厚干涉法、变角干涉法、椭圆偏振法。下面主要介绍精密轮廓扫描法(台阶法)、扫描电子显微法、椭圆偏振法。

1) 精密轮廓扫描法(台阶法)

利用精密轮廓扫描法(台阶法)进行膜厚的测量需要用到台阶仪，台阶仪是超精密接触式微观轮廓测量仪器，其主要用于台阶高度、膜层厚度、表面粗糙度等微观形貌参数的测量。

台阶仪是基于探针与样品表面的接触测量来获得样品的形貌信息的。当探针沿被测样品表面滑过时，由于表面存在微小的峰谷，探针会随之做上下运动。这种运动通过传感器转换为电信号，经过测量电桥处理后，输出与探针偏离平衡位置的位移成正比的调幅信号。随后，通过放大与相敏整流，可以将位移信号从调幅信号中解调出来，得到放大的、与探针位移成正比的缓慢变化信号。这一信号经过噪声滤波器和波度滤波器的进一步处理，滤去调制频率与外界干扰信号以及波度等因素对粗糙度测量的影响，最终得到样品的表面形貌信息，包括表面粗糙度、翘曲程度等。

在利用台阶法测量膜厚时,需要薄膜内存在从基片到薄膜表面的垂直台阶,因此在薄膜的制备阶段,需要将有垂直断面的材料作为模板,掩盖在基片表面,以便在生长过程中形成垂直的台阶。当前的台阶仪能够测量纳米到微米量级的台阶高度,可以准确测量蚀刻、溅射、旋涂、化学机械研磨等工艺沉积或去除的材料厚度。

2) 扫描电子显微法

扫描电子显微镜(scanning electron microscope,SEM)是研究材料微观形貌和纳米结构的重要手段之一,已被广泛地应用于生命科学、材料科学、化学、地球科学等领域的微观研究。

扫描电子显微镜的基本工作原理是利用高能电子束对样品表面进行逐点扫描,通过检测电子与样品相互作用产生的各种信号,如二次电子、背散射电子和X射线等,来获取样品表面的形貌、成分和结构信息。与光学显微镜相比,SEM具有更高的放大倍数和分辨率,可达到纳米量级,使我们能够观察到样品表面的精细结构。

在利用SEM测量薄膜样品的厚度时,同样需要在薄膜的边缘形成垂直的断面,以便进行测量。非导电样品在SEM中会发生电荷积累现象,导致图像模糊、漂移和变形。为了克服这一问题,需要对样品进行导电处理,常用的方法是在样品表面喷金纳米颗粒。

3) 椭圆偏振法

椭圆偏振法也是一种测量薄膜纳米量级厚度和光学参数的方法。1945年,Rothen等第一次提出了"椭偏仪"一词,并将以椭偏仪的使用为基础的测量技术,称为椭偏测量技术;1969年,Cahan和Spainer首次报道了一种自动旋转检偏器式椭偏仪。

一束已知偏振状态的激光入射到薄膜表面,光束在薄膜界面发生折射/反射等作用,使出射光的偏振状态发生变化,由线性偏振态变为椭圆偏振态。由于偏振状态的变化与薄膜的厚度、材料折射率等相关,因此测量出射光偏振态的变化,就可以通过反演计算获得薄膜参量。椭圆偏振法在测量薄膜厚度和折射率方面具有高精度和高灵敏度,能够探测到小于0.1nm的厚度变化。

光波可以分解为两个互相垂直的线性偏振的S波和P波,如果S波和P波的相位差不等于$\pi/2$的整数倍,合成的光波就是椭圆偏振光。若一束平行光以φ_0的角度斜入射到薄膜表面上,光波在空气/薄膜界面和(或)薄膜/衬底界面反复反射和折射,计算得到反射率R和透射率T分别为

$$R = \left[r_{01} + r_{12}\exp(-2\mathrm{i}\delta)\right] / \left[1 + r_{01}r_{12}\exp(-2\mathrm{i}\delta)\right] \tag{3-39}$$

$$T = \left[t_{01}t_{02}\exp(-\mathrm{i}\delta)\right] / \left[1 + r_{01}r_{12}\exp(-2\mathrm{i}\delta)\right] \tag{3-40}$$

$$\delta = \left(2\pi n_1 d / \lambda\right)\cos\varphi_0 \tag{3-41}$$

式中,d和n_1分别是薄膜的厚度和折射率;r_{01}、r_{12}、t_{01}、t_{02}分别是0、1和1、2介质(0、1、2分别代表空气、薄膜和衬底)界面上的反射率和透射率,它们可以分别由p分量和s分量的不同菲涅耳公式计算出来。因此,s分量和p分量的R值可以由对应的界面上的s分量和p分量计算得到。

由此可得椭圆偏振测量的基本方程为

$$R_0 / R_s = \tan\psi \exp(i\Delta) \tag{3-42}$$

结合公式，测量 ψ 和 Δ，就可以求出折射率 n_1 和薄膜的厚度 d。

具体的测量过程为，激光经过起偏器成为线偏振光，再经过 1/4 波片成为椭圆偏振光，转动起偏器即可改变椭圆偏振光的椭圆形状。

利用椭圆偏振法测量薄膜的厚度具有以下优点。

(1) 能测量很薄的膜(1nm)，且精度很高，比干涉法高 1~2 个数量级。

(2) 是一种无损测量，不必特别制备样品，也不损坏样品，比其他精密方法(如称重法、定量化学分析法)简便。

(3) 可同时测量膜的厚度、折射率以及吸收率，因此可以作为分析工具使用。

(4) 对一些表面结构、表面过程和表面反应相当敏感，是研究表面物理的一种方法。

由于椭偏仪的测量过程不需要与样品直接接触，不会对材料表面造成损坏，也不需要真空环境，因此它是一种简便、快捷、易于实现的材料测量仪器。椭偏仪的主要分析材料为半导体材料、电介质、聚合物材料等。而且，由于椭偏测量技术作为一种无损测试技术，对材料的表面损伤很小，因此也可以用于生物样品的表面检测。

习　题

1. 真空蒸发为什么需要真空环境？
2. 请简述饱和蒸气压的影响因素。
3. 点蒸发源和小平面蒸发源哪种方式制备的薄膜更均匀？
4. 请简述电子束蒸发的好处。
5. 分子束外延制备薄膜的优势和不足有哪些？
6. 有哪些方法可以测量薄膜的厚度？

第4章 溅射镀膜

溅射镀膜与真空蒸发镀膜一样,都属于物理气相沉积镀膜方法。溅射镀膜采用动量转移的碰撞方法,将靶材表面的原子轰击出来,形成具有高能量的溅射原子,在基片表面形成薄膜。溅射镀膜方法克服了真空蒸发镀膜中存在的沉积原子能量低导致的薄膜附着力差、不致密等问题。溅射镀膜是一种常用的金属、氧化物、半导体薄膜的制备方法,在集成电路制造、微纳电子器件制作、新型材料制备领域具有广泛的应用。

4.1 溅射镀膜的定义与特点

溅射是指利用荷能粒子轰击固体材料(称为靶材)表面,使固体材料的原子(或分子)从表面逸出的物理现象。逸出的粒子大多呈原子状态,常称为溅射原子,用于轰击靶材的荷能粒子可以是电子、离子或中性粒子。溅射这一物理过程的本质在于利用高能粒子(如离子)轰击靶材表面,使靶材中的原子或分子获得足够的能量而逸出,随后在真空或惰性气体环境中迁移,并最终沉积在基片表面,形成一层均匀、致密的薄膜,这种薄膜的制备方法称为溅射镀膜。

由于阳离子易于获得,同时在电场作用下被加速并获得所需动能,故大多采用阳离子作为荷能粒子。该阳离子又称为入射离子,溅射镀膜技术又称为离子溅射镀膜或离子溅射沉积。溅射作用可以使靶材表面原子分离,相当于对材料进行刻蚀,沉积使被分离的原子在基片表面进行生长,形成薄膜形式的材料,因此沉积和刻蚀是溅射过程的两种应用。在基片表面发生的沉积过程,由于入射原子具有高能量,会使附着力差的原子被刻蚀下去,也同时存在沉积和刻蚀。

溅射镀膜过程不仅要求高真空度和精确的控制技术,更对靶材本身的性能提出了严苛的要求。靶材是指在溅射过程中,被用作溅射源的材料。靶材的化学组成、纯度、物理状态乃至微观结构,都直接决定了所沉积薄膜的材质、性能及最终的应用效果。

大多数溅射靶材是金属元素或合金,如铝、铜、铁、镍、钛等金属及其合金,但也有一些陶瓷靶材,如二氧化硅、氧化锌、氮化硅、硫化锌等。通过多元靶材共溅射技术,可以精确控制薄膜的化学成分和相结构,制备出具有特定功能的复合薄膜。氧化物靶材在溅射过程中能够产生氧化物离子或分子,用于制备氧化物薄膜或作为复合薄膜的组成部分。溅射靶材的尺寸和形状可以根据具体需求进行设计,包括直径小于1in(2.54cm)的圆形靶材到超过1yd(0.9m)的矩形靶材。

半导体芯片行业对靶材的纯度要求极高,通常需达到99.9995%(5N5)甚至99.9999%(6N)以上。高纯度靶材对薄膜的性能至关重要,能够显著减少薄膜中的杂质含量,杂质元素在薄膜中可能形成缺陷、降低结晶度或改变相结构等,从而影响薄膜的导电性、光学性能、力学性能等。通过选用高纯度靶材并严格控制制备过程，可以最大限度地降低杂质含量，提高薄膜的纯度和性能稳定性。

溅射镀膜装置通常由以下部分组成：真空系统、电路系统、气路系统和水冷系统。真空系统用于减小残余气体对溅射薄膜的影响，同时保障溅射过程中压力保持稳定，其采用前级泵和次级泵相结合的方式，使背底真空达到超高真空状态；电路系统为溅射装置提供所需的高电压，包含了阴极、阳极和高压电路，靶材位于阴极位置，产生溅射原子，基片位于阳极位置，进行溅射原子的生长；气路系统用于提供溅射所需的工作气体和反应气体，工作气体通常为惰性气体，如氖气、氩气等，反应气体用于和溅射原子发生反应，生成新的化合物，如氧气、氮气等；水冷系统主要用于保持溅射靶材的温度稳定，防止因温度升高引起溅射靶材性能变化，如溅射率等。溅射镀膜示意图如图 4-1 所示。

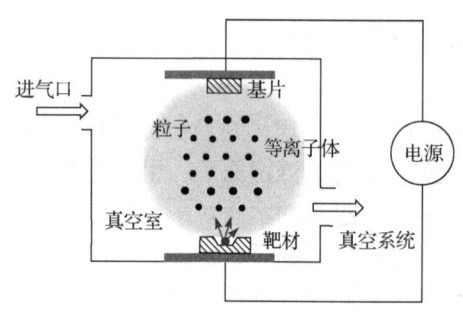

图 4-1 溅射镀膜示意图

与真空蒸发镀膜相比，溅射镀膜具有如下的特点。

(1) 任何物质均可以溅射，尤其是高熔点、低蒸气压元素和化合物。无论金属、半导体、绝缘体，只要是固体，能够被压制成块状物质，都可以作为靶材。在溅射氧化物等绝缘材料和合金时，几乎不发生分解和分馏，避免了蒸发镀膜存在的分馏现象，所以可用于制备与靶材组分接近的薄膜和组分均匀的合金膜，甚至是成分复杂的超导薄膜。此外，通过在溅射过程中加入各种反应气体，可以制备出与靶材完全不同的化合物薄膜，如氧化物、碳化物、氮化物和硅化物等。

(2) 溅射薄膜与基片之间的附着性好。溅射原子的能量比蒸发原子能量高 1~2 个数量级，在溅射粒子的轰击过程中，基片始终处于等离子区，不断地被清洗和激活。首先，这种等离子体轰击效应清除了基片表面附着的杂质和吸附气体，使表面更洁净，同时也会在基片表面形成缺陷，使溅射原子更易于吸附在基片表面；高能粒子沉积在基片表面进行能量交换，产生较高的热能，增强了溅射原子与基片的附着力；另外，部分高能量的溅射原子将产生不同程度的注入现象，在基片表面形成一层很薄的溅射原子与基片材料原子相互嵌入的扩散层；沉积过程中，溅射原子的轰击效应会清除基片表面附着不牢的沉积原子，因此上述现象的存在，使得溅射薄膜与基片之间形成了较大的附着力，附着性好。

(3) 溅射薄膜密度高、针孔少，且膜层的纯度较高。溅射镀膜过程中，溅射原子具有高能量，吸附在基片表面后仍具有较大的扩散能，在基片表面扩散、碰撞充分，导致薄膜的密度高、针孔少；溅射原子通过入射离子与靶材之间撞击产生，不会激发靶材所在位置材料的原子，易于获得纯度高的膜层。

(4) 薄膜厚度的可控性和重复性好。溅射镀膜可控的工艺参数优于蒸发镀膜，如与厚度相关的放电电流、溅射功率，通过工艺参数的控制，可以实现厚度可控的薄膜制备。

另外，经过多次溅射，获得膜厚的重复性好，能够有效地制备特定厚度的薄膜。

溅射镀膜与真空蒸发镀膜相比，存在以下缺点：①溅射设备复杂，需要高压装置；②溅射沉积的成膜速率低，真空蒸镀沉积速率为 0.1～5μm/min，而溅射沉积速率为 0.01～0.5μm/min；③基片温升较高，易受杂质气体影响。

4.2 溅射的基本原理

溅射镀膜基于荷能离子轰击靶材时的溅射效应，整个溅射过程都是建立在辉光放电的基础之上，即溅射离子都来源于气体放电。不同的溅射技术采用的辉光放电方式有所不同。直流二极溅射是最早被利用的溅射镀膜方法，采用的是直流辉光放电；三极溅射是利用热阴极支持的辉光放电；射频溅射是利用射频辉光放电；磁控溅射是利用环状磁场控制下的辉光放电。

4.2.1 辉光放电

1. 直流辉光放电

溅射是在辉光放电中产生的，辉光放电是溅射的基础，是指在真空度约为 10^{-1}Pa 的稀薄气体中，两个电极之间加上电压时产生的一种放电现象。气体放电时，两电极间的电压和电流的关系不能用简单的欧姆定律来描述，因为二者并不是简单的线性关系。图 4-2 表示在压强为 133Pa、Ne 气氛下直流辉光放电的形成过程，即电极之间的电压随电流密度的变化曲线。

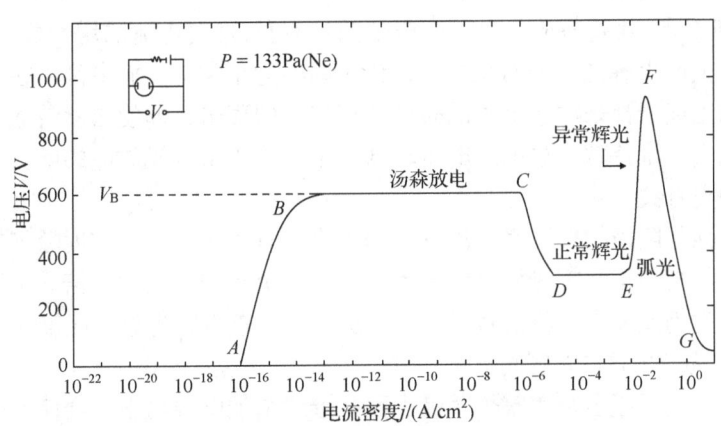

图 4-2 直流辉光放电伏安特性曲线

下面对照伏安特性曲线对辉光放电过程和各个区间的性质进行说明。

1) 无光放电区(AB 区间)

在真空室中，存在少量气体，由于宇宙射线的存在，会有一部分气体分子呈现为游离状态的离子和电子，当两电极施加直流电压时，这些游离离子和电子在电场作用下运动，形成电流。由于宇宙射线产生的游离离子和电子是很有限的，所以开始时电流非常小，仅有 $10^{-16} \sim 10^{-14}$A，随着电压的增大，电流密度逐渐增加，如图 4-2 中的 AB 区间所示，此区间导电而不发光，称为无光放电区。

2) 汤森放电区(BC 区间)

从 B 点开始，随着两极电压逐渐升高，带电离子和电子获得了足够能量，运动速率逐渐加快，电子与中性气体分子的碰撞不再是低速时的弹性碰撞，而是使气体分子电离，生成正离子和电子，新产生的电子和原有的电子继续被电场加速，使更多的气体分子发生电离，电流平稳增加，电压受到电源的高输出阻抗限制而呈一常数，如图 4-2 中的 BC 区间所示，这一区间称为汤森放电区。

上述两种放电，都以有自然电离源为前提，如果没有游离的电子和正离子存在，则放电不会发生。这种放电方式又称为非自持放电。

3) 过渡区(CD 区间)

当电极两端的电压进一步增加时，汤森放电的电流将随着增大，当电流增至 C 点时，极板两端电压突然降低，而电流突然增大，并同时出现带有颜色的辉光，此过程称为气体的击穿，图 4-2 中电压 V_B 称为击穿电压。击穿后气体的发光放电称为辉光放电。碰撞电子或获得能量跃迁到高能态的外层电子回到基态，以光子的形式释放能量，从而形成辉光。另外，正离子与电子复合释放能量转换为光能，也会形成辉光。

引起电流突然增大的正离子和电子来自以下过程：离子轰击阴极，释放出二次电子，二次电子与中性气体分子碰撞，产生更多的离子，这些离子再轰击阴极，又产生新的、更多的二次电子。一旦产生了足够多的离子和电子，放电达到自持，发生"雪崩点火"，气体开始起辉，两极间电流剧增，电压迅速下降，放电呈现负阻特性。

4) 正常辉光放电区(DE 区间)

从 D 点到 E 点，维持辉光放电的电压较低且不变，此时电流的增大显然与电压无关，而只与阴极板上产生辉光的表面积有关，该区间称为正常辉光放电区。在正常辉光放电区内，电子和正离子都来源于电子的碰撞和正离子的轰击，即使自然游离源不存在，导电也将继续下去；维持辉光放电的电压较低且不变；正常辉光放电的电流密度与阴极材料和气体的种类有关。

气体的压强与阴极的形状对电流密度的大小也有影响。电流密度随气体压强增加而增大。凹面形阴极的正常辉光放电电流密度，比平板形阴极大数十倍。由于正常辉光放电时的电流密度仍比较小，所以溅射镀膜无法选择在正常辉光放电区工作。

5) 异常辉光放电区(EF 区间)

E 点以后，离子轰击覆盖整个阴极表面，继续增加电源功率，会使两极间的电流随着电压的增大而增大，进入异常辉光放电状态。其特点是，电流增大时，两放电极板间电压升高，且阴极电压降的大小与电流密度和气体压强有关。因为，此时辉光已布满整个阴极，再增大电流时，离子层已无法向四周扩散，正离子层便向阴极靠拢，使正离子层与阴极间距离缩短。要想提高电流密度，必须增大阴极压降，使正离子有更大的能量去轰击阴极，从而使阴极产生更多的二次电子。

在气体成分和电极材料一定的条件下，起辉电压 V 只与气体压强 P 和电极间距离 d 的乘积有关，这一关系称为帕邢定律，如图 4-3 所示。

从图 4-3 中可以看出，电压有一最小值，若气体压强太低或电极间距离太小，二次电子在到达阳极前，不能使足够多的气体分子被碰撞电离，形成一定数量的离子和二次电子，会使辉光放电熄灭；若气体压强太高或电极间距离太大，二次电子因多次碰撞而得不到加速，也不能产生辉光。在大多数辉光放电溅射过程中，要求气体压强低，压强与电极间距离的乘积一般都在最小值的右边，故需要相当高的起辉电压。在电极间距离小的电极结构中，经常需要瞬时地增加气体压强以启动放电。

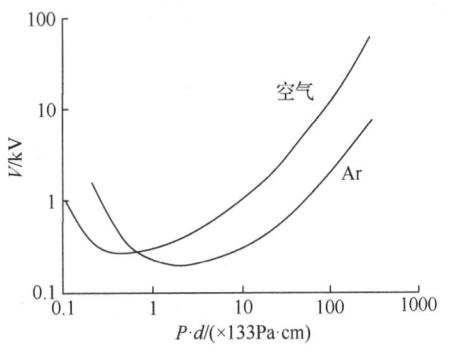

图 4-3 帕邢曲线(起辉电压 V 与气体压强 P 和电极间距离 d 之积的实验曲线)

6) 弧光放电区(FG 区间)

F 点之后，两极间电压降至很小的数值，电流大小几乎由外电阻大小决定，而且电流越大，两极间电压越小。在这种状态下，会产生如下危害：①两极间电压陡降，电流突然增大，相当于两极间短路；②放电集中在阴极的局部位置，致使电流密度过大而将阴极烧毁；③骤然增大的电流有损坏电源的危险。

2. 正常与异常辉光放电

在正常辉光放电区内，两电极之间维持辉光放电时，放电电压与电流之间的函数关系如图 4-2 所示，在一定的电流密度范围内(可为 2~3 个数量级)，放电电压维持不变。在此区域内，阴极的有效放电面积随电流增大而增大，从而使阴极有效区内电流密度保持恒定不变。当整个阴极均成为有效放电区域时(即整个阴极全部由辉光所覆盖)，只有增加阴极的电流密度，才能增大电流，形成均匀而稳定的异常辉光放电，从而均匀地覆盖基片，这个放电区域就是溅射区域。溅射电压 V、电流密度 j 和气体压强 P 遵循如下关系：

$$V = E + \frac{F\sqrt{j}}{P} \tag{4-1}$$

式中，E 和 F 是取决于电极材料、尺寸和气体种类的常数。

在异常辉光放电区内，大量离子产生于负辉光中。在这种情况下，任何妨碍负辉光的物体都将影响离子轰击被遮蔽的阴极部分。在等离子体中，由于离子与电子质量悬殊，因而其复合速率很低，但在真空室壁上或者任何可遇到的表面上，由于其动能可作为热量释出，因而很容易发生复合。若室壁或其他物体正好位于阴极附近，则离子密度或溅射速率的均匀性将发生严重差别。离子轰击是一种清除表面杂质的有效方法。任何此类杂质一经释出后，就会成为放电的部分，可能混入所沉积的薄膜中。所以，无关零件应远离阴极及沉积区。

图 4-4 给出了低压直流辉光放电时，阴极和阳极之间的暗区和亮区，以及对应的电

位场强、空间电荷和光强分布。

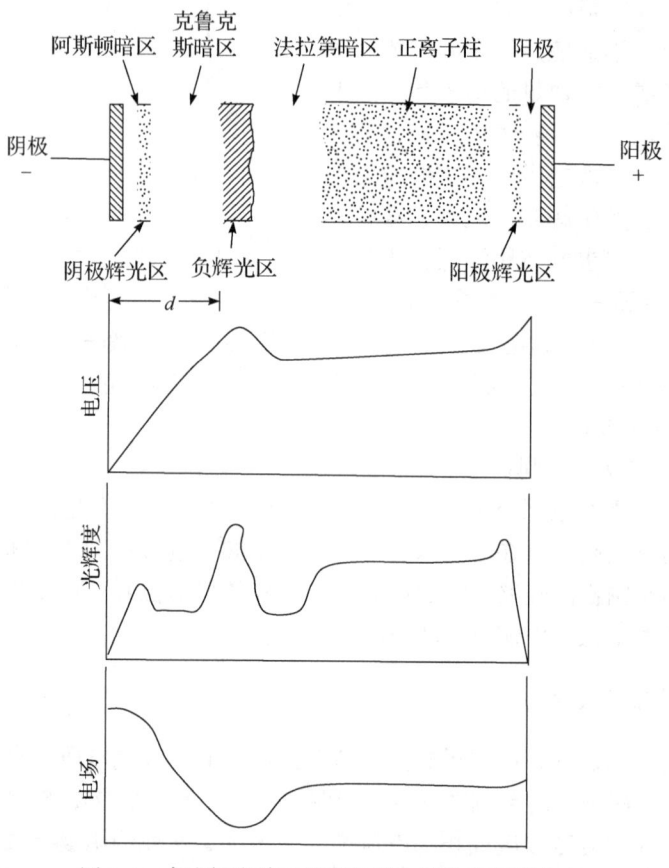

图 4-4　直流辉光放电现象及其电特性和光强分布

这些放电区间形成的原因如下。由于从冷阴极发射的电子能量只有 1eV 左右，很少发生电离碰撞，所以在阴极附近形成了一个暗区，称为阿斯顿暗区。紧靠阿斯顿暗区的是比较明亮的阴极辉光区，它是由在加速电子碰撞气体分子后，激发态的气体分子衰变和进入该区的离子复合而形成的中性原子所造成的。随着电子继续加速，获得足够动能，穿过阴极辉光区后与正离子不易复合，所以又出现一个暗区，称为克鲁克斯暗区。克鲁克斯暗区的宽度与电子的平均自由程(即压强)有关，随着电子速率的增大，很快获得了足以引起气体分子电离的能量，于是离开阴极暗区后便大量产生电离，在此空间因电离而产生大量的正离子，由于正离子的质量较大，故向阴极的运动速率较慢，所以由正离子组成了空间电荷，并在该处聚集起来，使该区域的电位升高而与阴极形成了很大的电位差，此电位差常称为阴极辉光放电的阴极压降，正是由于在此区域的正离子浓度很大，所以电子经过碰撞以后，速率降低，使电子与正离子的复合概率增大，从而造成有明亮辉光的负辉光区。

经过负辉光区后，多数动能较大的电子都已丧失了能量，只有少数电子穿过负辉光区。在负辉光区与阳极之间是法拉第暗区和正离子柱以及阳极辉光区，这些区域几乎没有电压降,唯一的作用是连接负辉光区和阳极。这是因为在法拉第暗区后,少数电子逐渐加速,并在空间与气体分子之间碰撞而产生电离,由于电子数较少,产生的正离子不会形成密集的空间电荷,所以在这一较大空间内形成电子与正离子的密度相等的区域,不存在空间电荷作用,使得此区间的电压降很小,很类似于一个良导体。

通过上述分析可知,阴极位降区是指产生电压降的主要区域,包括阿斯顿暗区、阴极辉光区、克鲁克斯暗区和负辉光区。

在溅射过程中,基片(阳极)常处于负辉光区。但是,阳极和基片之间的距离至少应是克鲁克斯暗区宽度的 3~4 倍。当两极间的电压不变而只改变其距离时,阴极到负辉光区的距离几乎不变。必须指出,图 4-4 所示的放电区结构属于长间隙的情况,而溅射时的情况属于短间隙辉光放电,这时并不存在法拉第暗区和正离子柱。

3. 辉光放电阴极附近的分子状态

由于在冷阴极发射时,从阴极发射的电子的初始能量只有 1eV 左右,所以与气体分子不发生相互作用,故在非常靠近阴极的地方是黑暗的,这就是阿斯顿暗区。在使用氩气、氖气之类的工作气体时,这个暗区很明显。可是,对于其他气体,这个暗区就很窄,难以观察到。如果使电子加速,就会使气体分子激发,激发的气体分子发出固有频率的光波,称为阴极辉光。若进一步加速电子,会使气体分子发生电离,从而产生大量的离子和低速电子,因此这个区域几乎不发光,称为克鲁克斯暗区。这个区域又使所形成的低速电子加速,从而激发气体分子,使气体分子发光,即负辉光。

与溅射现象有关的重要问题主要有两个:一个是在克鲁克斯暗区周围所形成的正离子冲击阴极;另一个是当两极间的电压不变而改变两极间的距离时,主要发生变化的是由等离子体构成的正离子柱部分的长度,而从阴极到负辉光区的距离几乎是不变的,这是由于两极间电压的下降几乎都发生在阴极的负辉光区之间。因而,使由辉光放电产生的正离子撞击阴极,把阴极靶材原子溅射出来,这就是一般的溅射法。阴极与阳极之间的距离必须至少比阴极与负辉光区之间的距离要长。

4. 射频辉光放电

在一定气体压强下,当阴阳极间所加交流电压的频率增高到射频频率时,即可产生稳定的射频辉光放电。射频辉光放电有两个重要的特征。第一,在辉光放电空间产生的电子获得了足够的能量,足以与气体分子发生碰撞电离,因而减少了放电对二次电子的依赖,并且降低了击穿电压。第二,射频电压能够通过任何一种类型的阻抗耦合进去,所以靶材并不需要是良导体,因而可以溅射包括介质材料在内的任何材料。因此,射频辉光放电在溅射技术中的应用十分广泛。

一般在 5~30MHz 的射频溅射频率下,将产生射频放电。这时阴阳两极上外加电压的变化周期小于电离和消电离所需要的时间(10^{-6}s),等离子体浓度来不及变化。由于电子质量小,很容易跟随外电场从射频场中吸收能量,并在场内做振荡运动。但是,电子在放电空间的运动路程不是由一个电极到另一个电极的距离,而是在放电空间不断来回运动,经过很长的路程,因此增加了与气体分子的碰撞概率,并使电离能力显著提高,从而使击穿电压和维持放电的工作电压均降低，其工作电压只有直流辉光放电的 1/10，所以射频放电的自持要比直流放电容易得多。通常，射频辉光放电可以在较低的气压下进行。例如，直流辉光放电在 $10^0 \sim 10^{-1}$Pa 运行，而射频辉光放电可以在 $10^{-1} \sim 10^{-2}$Pa 运行。另外，由于正离子质量大，运动速率低，跟不上电源极性的改变，所以可以近似认为正离子在空间不动，并形成更强的正空间电荷，对放电起增强的作用。

虽然大多数正离子的活动性很小，可以忽略它们对电极的轰击，但是若有一个或两个电极通过电容耦合到射频振荡器上，将在该电极上建立一个脉冲的负电压。由于电子和离子迁移率的差别，辉光放电的 I-V 特性类似于一个有漏电的二极管整流器，也就是说，在通过电容器引起射频电压时，将有一个大的初始电流存在，而在第二个半周期内仅有一个相对较小的离子电流流过。所以，通过电容器传输电荷时，电极表面的电位必然自动偏离为负极性，直到有效电流为零，平均直流电位的数值与所加峰值电压近似相等。

如果在射频溅射装置中，将溅射靶材与基片完全对称配置，那么正离子以均等的概率攻击溅射靶材和基片，溅射成膜是不可能的。实际上，只要求靶上得到溅射，那么这个溅射靶电极必须绝缘起来，并通过电容耦合到射频电源上。另一电极(真空室壁)为直接耦合电极(即接地电极)，而且靶材表面面积必须比直接耦合电极小。设辉光放电空间与靶之间的电压为 V_c，辉光放电空间与直接耦合电极之间的电压为 V_d，则两个电压之间存在如下近似理论关系：

$$V_c/V_d = (A_d/A_c)^4 \tag{4-2}$$

式中，A_c 和 A_d 分别为容性耦合电极(即溅射靶)和直接耦合电极(接地电极)的表面积。实际上，由于直接耦合电极是整个系统的地，包括底板、真空室壁等在内，A_d 尺寸比 A_c 大得多，所以 $V_c \gg V_d$，即 V_c 与 V_d 二者之间在实际上并不具有 4 次方关系。因此，平均壳层电压在靶电位和地之间变化，所以射频辉光放电时等离子体中离子对接地零件只有极微小的轰击，而对溅射靶进行强烈轰击并使之产生溅射。

射频放电虽然可以在 5～30MHz 频率范围内进行，但实际上，通常工业用频率为 13.56MHz，主要是为了避免对通信的干扰，此时气体压强可降到 0.13Pa 或更低。

4.2.2 溅射特性

溅射过程中的多个参数都会影响薄膜的质量和性能。例如，溅射功率决定了高能粒子的能量和数量，进而影响靶材的溅射速率和薄膜的沉积速率；溅射气压则影响真空度，进而影响粒子在真空中的迁移距离和薄膜的均匀性；基片温度则会影响薄膜的结晶度和相结构等。此外，靶材与基片之间的相对位置、靶材的旋转速率等也会对溅射过程产生影响。表征溅射特性的参量主要有溅射阈值、溅射率、溅射原子的能量和速率以及溅射原子的角分布等。

1. 溅射阈值

溅射阈值是指使靶材原子发生溅射的入射离子所必须具有的最小能量。溅射阈值是材料本身的属性，受入射离子的种类、能量、入射角度等因素的影响不大，入射离子不同时溅射阈值变化很小，而不同靶材的溅射阈值变化比较明显，即溅射阈值主要取决于靶材，与入射离子无明显依赖关系。对于处于周期表中同一周期的元素，溅射阈值随着原子序数增加而减小。绝大多数金属的溅射阈值为 10~30eV，相当于升华热的 4 倍。表 4-1 列出了部分金属的溅射阈值。

表 4-1　部分金属的溅射阈值　　　　　　　　　　　（单位：eV）

原子序数	元素	工作气体				原子序数	元素	工作气体			
		Ne	Ar	Kr	Xe			Ne	Ar	Kr	Xe
4	Be	12	15	15	15	41	Nb	27	25	26	22
11	Na	5	10	—	30	42	Mo	24	24	28	27
13	Al	13	13	15	18	45	Rh	25	24	25	25
22	Ti	22	20	17	18	46	Pd	20	20	20	15
23	V	21	23	25	28	47	Ag	12	15	15	17
24	Cr	22	15	18	20	51	Sb	—	3	—	—
26	Fe	22	20	25	23	73	Ta	25	26	30	30
27	Co	20	22	22		74	W	35	25	30	30
28	Ni	23	21	25	20	75	Re	35	35	25	30
29	Cu	17	17	16	15	78	Pt	27	25	22	22
30	Zn	—	3	—	—	79	Au	20	20	20	18
32	Ge	23	25	22	18	90	Th	20	24	25	25
40	Zr	23	22	18	26	92	U	20	23	25	22

2. 溅射率

溅射率表示正离子轰击位于阴极的靶材时，平均每个正离子能从阴极靶材表面轰击出的原子数量，又称为溅射产额或溅射系数，常用 S 表示。溅射率是描述溅射特性的一个最重要的物理量，溅射率的高低直接影响到薄膜沉积的速率和质量。图 4-5 为入射的正离子轰击靶材表面原子的示意图，从图中可以看出，正离子的轰击使靶材表面的原子位置发生变化，在这种轰击作用下，轰击离子把能量传递给表面原子，表面的原子在获得足够的能量后，从靶材表面发射出来。

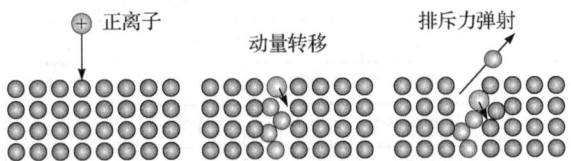

图 4-5　入射正离子轰击靶材表面原子示意图

溅射率的大小受到多种因素的影响，包括入射离子能量、种类、角度及靶材的类型、晶格结构、表面状态、升华热大小等因素,如果是单晶靶材,还与表面取向有关。

1) 靶材

溅射率与靶材种类的关系可用靶材元素在周期表中的位置来进行说明。在相同条件下,用同一种离子对不同元素的靶材进行轰击,得到的溅射率不同,并且溅射率呈现周期性变化,其一般规律是随靶材元素原子序数增加而增大,铜、银、金的溅射率较大,碳、硅、钛、钒等元素的溅射率较小。此外,具有六方晶格结构(如镁、锌、钛等)和表面污染(如氧化层)的金属要比面心立方(如镍、铂、铜、银、金、铝)和清洁表面的金属的溅射率低,升华热大的金属要比升华热小的溅射率低。从原子结构分析,上述规律显然与原子的 3d、4d、5d 电子壳层的填充程度有关,各元素的溅射率如表 4-2 所示。

表 4-2 各种元素的溅射率

靶材元素	工作气体							
	Ne$^+$				Ar$^+$			
	100eV	200eV	300eV	400eV	100eV	200eV	300eV	400eV
Be	0.012	0.10	0.26	0.56	0.074	0.18	0.29	0.80
Al	0.031	0.24	0.43	0.83	0.11	0.35	0.65	1.24
Si	0.034	0.13	0.25	0.54	0.07	0.18	0.31	0.53
Ti	0.08	0.22	0.30	0.45	0.081	0.22	0.33	0.58
V	0.06	0.17	0.36	0.55	0.11	0.31	0.41	0.70
Cr	0.18	0.49	0.73	1.05	0.30	0.67	0.87	1.30
Fe	0.18	0.38	0.62	0.97	0.20	0.53	0.76	1.26
Co	0.084	0.41	0.64	0.99	0.15	0.57	0.81	1.36
Ni	0.22	0.46	0.65	1.34	0.28	0.66	0.95	1.52
Cu	0.26	0.84	1.20	2.00	0.48	1.10	1.59	2.30
Ge	0.12	0.32	0.48	0.82	0.22	0.50	0.74	1.22
Zr	0.054	0.17	0.27	0.42	0.12	0.28	0.41	0.75
Nb	0.051	0.16	0.23	0.42	0.068	0.25	0.40	0.65
Mo	0.10	0.24	0.34	0.54	0.13	0.40	0.58	0.93
Ru	0.078	0.26	0.38	0.67	0.14	0.41	0.68	1.30
Rh	0.081	0.36	0.52	0.77	0.19	0.55	0.86	1.46
Pd	0.14	0.59	0.82	1.32	0.42	1.00	1.41	2.39
Ag	0.27	1.00	1.30	1.98	0.63	1.58	2.20	3.40
Hf	0.057	0.15	0.22	0.39	0.16	0.35	0.48	0.83
Ta	0.056	0.13	0.18	0.30	0.10	0.28	0.41	0.62
W	0.038	0.13	0.18	0.32	0.068	0.29	0.40	0.62
Re	0.04	0.15	0.24	0.42	0.10	0.37	0.56	0.91
Os	0.032	0.16	0.24	0.41	0.057	0.36	0.56	0.95
Ir	0.069	0.21	0.30	0.46	0.12	0.43	0.70	1.17

续表

靶材元素	工作气体							
	Ne⁺				Ar⁺			
	100eV	200eV	300eV	400eV	100eV	200eV	300eV	400eV
Pt	0.12	0.31	0.44	0.70	0.20	0.63	0.95	1.56
Au	0.20	0.56	0.84	1.18	0.32	1.07	1.65	2.43
Th	0.028	0.11	0.17	0.36	0.097	0.27	0.42	0.66
U	0.063	0.20	0.30	0.52	0.14	0.35	0.59	0.97

2) 入射离子能量

入射离子能量大小对溅射率影响显著，只有当入射离子能量高于某一临界值(溅射阈值)时才发生溅射。图4-6所示为溅射率与入射离子能量之间的典型关系曲线。

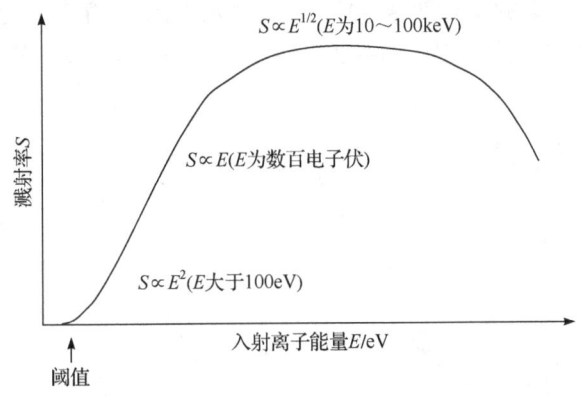

图4-6 溅射率与入射离子能量的关系

从图4-6可以看出，该曲线可分为三个区域：第一个区域，在入射离子能量低于溅射阈值时，溅射率为0，即不发生溅射；第二个区域，入射离子能量超过100eV，随着入射离能量的增加，溅射率呈指数上升；其后，出现一个线性增大区，即第三个区域，测射率逐渐达到一个平坦的最大值并呈饱和状态，如果再继续增加入射离子能量，则因产生离子注入效应，大部分能量将损失在靶材体内，而不是消耗在靶材表面，因而S值开始下降。因此，在进行溅射沉积薄膜的过程中，入射离子的能量不能太小，也不能太大，而应该选择合适的值，保证溅射率达到最佳值。

3) 入射离子种类

溅射率依赖于入射离子的原子量，原子量越大，则溅射率越高。溅射率也与入射离子的原子序数有关，呈现出随离子的原子序数呈周期性变化的关系。这和溅射率与靶材的原子序数之间存在的关系相类似。在周期表每一排中，凡电子壳层填满的元素都具有最大的溅射率，因此惰性气体离子的溅射率最高，而位于元素周期表的每一列中间部位元素离子的溅射率最小，所以在一般情况下，入射离子大多采用惰性气体，考虑到经济性，通常选用氩气为工作气体。

使用惰性气体的另一个优点是可避免与靶材发生化学反应。实验表明,在常用的入射离子能量范围(500~2000eV)内,各种惰性气体的溅射率大体相同。用不同的入射离子对同一靶材溅射时所呈现的溅射率的差异,大大高于用同一种离子去轰击不同靶材所得到的溅射率的差异。

4) 入射离子的入射角

入射离子的入射角是指离子入射方向与被溅射靶材表面法线之间的夹角。由氩离子(Ar^+)对 Al、Ta、Ag 等几种金属的溅射率与入射角的关系进行研究发现,随着入射角的增加,溅射率逐渐增大。在 0°~60°内的相对溅射率基本上服从 $1/\cos\theta$ 规律,即 $S(\theta)/S(0) = 1/\cos\theta$,$S(\theta)$和$S(0)$分别是 θ 角入射和垂直入射时的溅射率,并且可见 60°入射时的 S 值约为垂直入射时的 2 倍,当入射角为 60°~80°时,溅射率最大。入射角再增加时,溅射率急剧减小,当入射角为 90°时,溅射率为零,这种变化情况的典型曲线如图 4-7 所示。即对于不同的靶材和入射离子而言,对应的最大溅射率 S_m 值有一个最佳的入射角 θ_m。另外,实验结果表明不同的离子加速电压,对入射角 θ_m 值也存在一定的影响。一般来说,入射角与溅射率的关系对金、银、铜等影响较小,对铝、铁、钛、钽的影响较大,对钨、镍等影响处于中等水平。

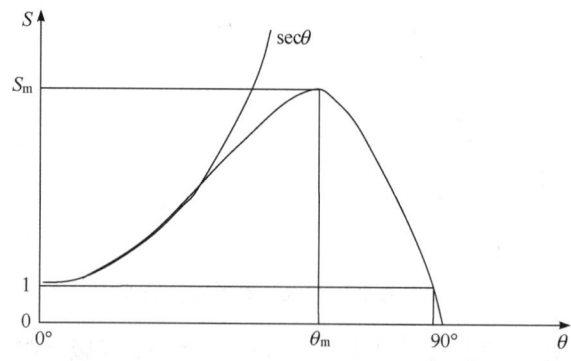

图 4-7 溅射率与离子入射角的典型关系曲线

另外,大量实验结果表明,不同入射角 θ 的溅射率值 $S(\theta)$和垂直入射时的溅射率值 $S(0)$,对于不同靶材和入射离子的种类,有以下结果:

(1) 对于轻元素靶材,$S(\theta)/S(0)$的比值变化显著;

(2) 重离子入射时,$S(\theta)/S(0)$的比值变化显著;

(3) 随着入射离子能量增加,$S(\theta)/S(0)$呈最大值的角度逐渐增大,但是 $S(\theta)/S(0)$的最大值在入射离子的加速电压超过 2kV 时,急剧减小。

对于上述溅射率随离子入射角的变化,可以从以下两方面进行解释。第一,入射离子所具有的能量轰击靶材时,将引起靶材表面原子的级联碰撞,导致某些原子被溅射,该级联碰撞的扩展范围不仅与入射离子的能量有关,还与离子的入射角有关。显然,在大入射角情况下,级联碰撞主要集中在很浅的表面层,妨碍了级联碰撞范围的扩展,结果低能量的反冲原子的生成率很低,致使溅射率急剧下降。第二,入射离子以弹性反射方式从靶材表面反射,离子的反射方向与入射角有关,因此反射离子对随后入射离子的屏蔽、阻挡作用与入射角有关。当入射角为60°～80°时，其阻挡作用最小而轰击效果最好，故此时溅射率 S 呈最大值。

5) 靶材温度

靶材温度是指溅射镀膜过程中所使用的靶材的温度。靶材温度在溅射镀膜过程中起着至关重要的作用。首先，靶材温度会影响溅射率，靶材物质的升华能与特定的温度有关，在低于此温度时，溅射率几乎保持不变。但是，超过此温度时，溅射率将急剧增大，如图 4-8 所示，进而影响薄膜的质量。其次，靶材温度的波动和不均匀冷却会导致不同区域的溅射率不同，影响沉积薄膜的厚度均匀性和质量。另外，过高的温度波动，可能导致靶材破裂，中断溅射过程并造成设备损坏。在溅射时应注意控制靶材温度，防止出现溅射率急剧增加现象。

影响靶材温度的主要因素包括放电功率和能量输入。放电功率决定了靶材表面上的离子轰击强度，较高的放电功率会增加溅射速率，但也可能导致靶材表面温度升高。能量输入直接影响离子的动能和溅射率，从而影响靶材的温度。

在溅射靶材的底部通入冷却水，通过冷却水的循环，将热量带走，是保持靶材处于稳定温度的常用方法。

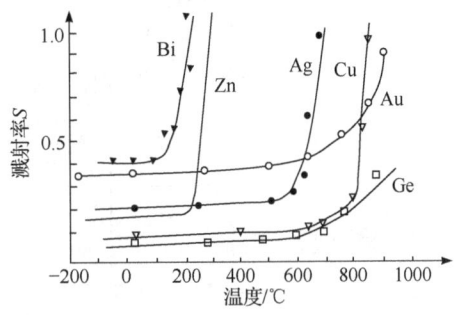

图 4-8　溅射率与温度的关系

溅射率除与上述因素有关外，还与靶的结构、靶材的结晶取向、表面形貌、溅射压强有关。为了保证溅射薄膜的质量和提高薄膜的沉积速率，应当尽量降低工作气体的压力和提高溅射率。

3. 溅射原子的能量和速率

溅射原子所具有的能量和速率也是描述溅射特性的重要物理参数。溅射原子的能量比蒸发原子的能量大：一般由蒸发源蒸发出来的原子的能量为 0.1eV 左右。在溅射中，由于溅射原子是与高能量(几百至几千电子伏)入射离子交换能量而飞溅出来的，所以溅射原子具有较大的能量。一般认为，溅射原子的能量比蒸发原子能量大 1～2 个数量级，即 5～10eV。因此，溅射薄膜具有许多优点。

溅射原子的能量与靶材、入射离子的种类和能量以及溅射原子的方向性都有关。不同能量的 Hg^+ 轰击 Ag 靶时溅射原子的能量分布情况如图 4-9 所示。其能量分布近似于麦克斯韦分布，大部分溅射原子的能量小于 10eV，高能量部分有一拖长的"尾巴"，平均能量为 10～40eV。轰击离子的能量增加，高能量尾巴也拖得更长。当入射离子能量大于 1000eV 时，所逸出原子的平均能量不再增大。

对于同一离子轰击不同材料，当原子序数 $Z > 20$ 时，溅射原子平均逸出能量差别较大，各元素的平均逸出速率差别较小，平均逸出速率如图 4-10 所示。另外，已有研究结果表明，不同方向逸出原子的能量分布也是不同的。

实验结果表明，溅射原子的能量和速率具有以下几个特点：

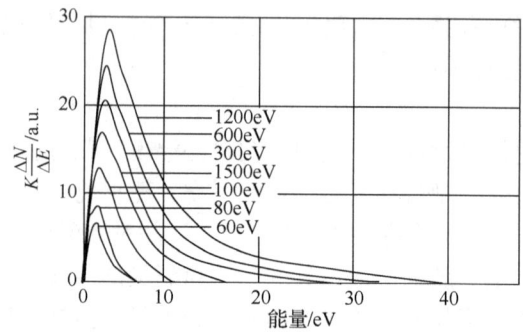

图 4-9　不同能量的 Hg^+ 轰击 Ag 靶时溅射原子的能量分布

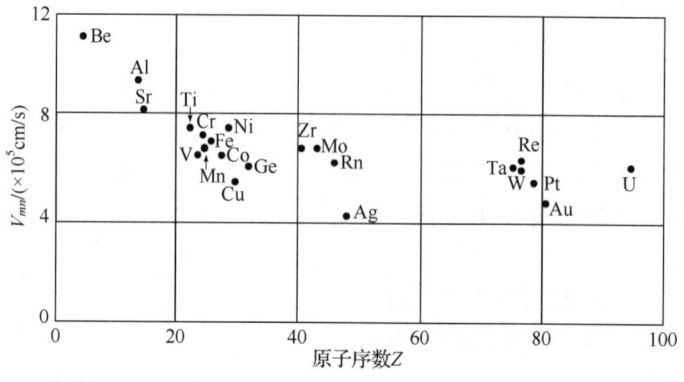

图 4-10　溅射原子的平均逸出速率

(1) 重元素靶材被溅射出来的原子具有较高的逸出能量,而轻元素靶材则具有高的原子逸出速率;

(2) 不同靶材具有不同的原子逸出能量,溅射率较高的靶材通常有较低的平均原子逸出能量;

(3) 在相同的入射离子轰击能量下,原子逸出能量随入射离子质量线性增加,轻入射离子溅射出的原子的逸出能量较低,约为 10eV,而重入射离子溅射出的原子的逸出能量较大,平均达到 30~40eV,与溅射率的情形相类似;

(4) 溅射原子的平均逸出能量随入射离子能量增加而增大,当入射离子能量达到 1keV 以上时,平均逸出能量逐渐趋于恒定值;

(5) 在倾斜方向逸出的原子具有较高的能量,这符合溅射的碰撞过程遵循动量和能量守恒定律。

此外,实验结果表明,靶材的结晶取向与晶体结构对逸出能量影响不大。

4. 溅射原子的角分布

研究溅射原子的角分布,有助于了解溅射机理和建立溅射理论,在实际应用上也有助于控制膜厚的分布。早期的溅射理论认为,溅射的发生是由于高能量的轰击离子产生了局部高温区,从而导致靶材的蒸发,逸出原子符合 Knudsen 余弦分布规律,并且与入射离子的方向性无关,这种理论称为溅射的热峰蒸发理论(图 4-11 中虚线部分)。

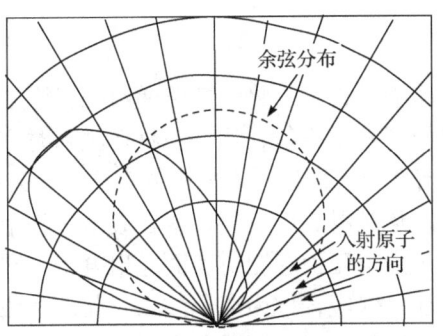

图 4-11 倾斜轰击时溅射原子的角分布

进一步研究发现以下内容：

(1) 用低能离子轰击时，逸出原子的分布并不服从余弦分布。垂直于靶材表面方向逸出的原子数明显地少于按余弦分布时应有的逸出原子数(图 4-12)；

(2) 对于不同的靶材，角分布与余弦分布的偏差不相同；

(3) 改变轰击离子的入射角时，逸出原子数在入射的正反射方向显著增加(图 4-11)。

(4) 溅射原子的逸出方向与晶体结构有关。

实验结果还表明，溅射原子的逸出主要方向与晶体结构有关。显然，这也直接影响其溅射率，对于单晶靶材，通常最主要的逸出方向是原子排列最紧密的方向，其次是次紧密的方向。对于面心立方结构晶体，主要的溢出方向为[110]晶向，其次为[100]、[111]晶向。半导体单晶材料逸出原子的角分布与金属类似，也存在与结晶结构有关的主要逸出方向及具有各向异性的特点，但不如金属那样明显。多晶靶材与单晶靶材溅射原子的角分布有明显的不同，如上所述，对于单晶靶材，可观察到溅射原子明显的择优取向，而多晶固体近似显示出一种余弦分布。

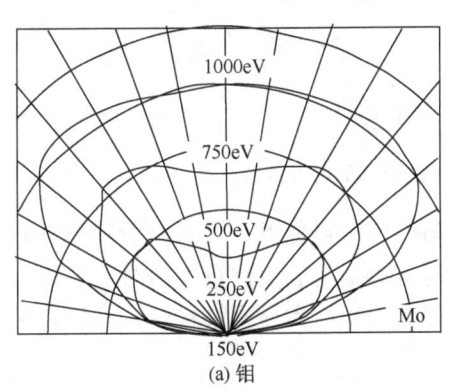
(a) 钼

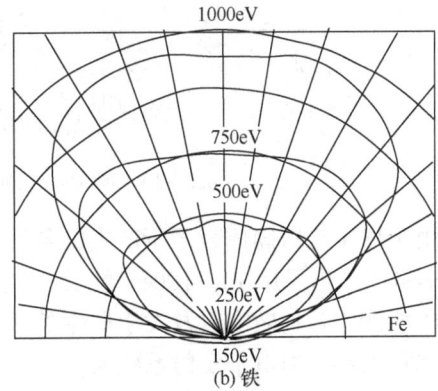
(b) 铁

图 4-12 入射离子垂直入射时钼和铁的溅射原子角分布

4.2.3 溅射镀膜过程

溅射镀膜过程包括靶材的溅射过程、溅射粒子向基片的迁移和在基片上成膜的过程。

1. 靶材的溅射过程

入射离子在与靶材的碰撞过程中，将动量传递给靶材原子，使其获得的能量超过其结合能时，才可能使靶材原子发生溅射，这是靶材在溅射时主要发生的一个过程。实际上，溅射过程十分复杂，当高能入射离子轰击固体表面时，会产生如图 4-13 所示的多种效应。例如，入射离子可能从靶材表面反射，或在轰击过程中捕获电子后成为中性原子或分子，从表面反射；离子轰击靶引起靶材表面逸出电子，即次级电子；离子深入靶材表面进入靶材内部，产生注入效应，称为离子注入。此外，还能使靶材表面结构和组分发生变化，以及使靶材表面吸附的气体解吸和在高能离子入射时产生辐射射线等。

除了靶材的中性粒子，即原子或分子最终沉积为薄膜之外，其他一些效应会对溅射膜层的生长产生很大的影响。必须指出，图 4-13 中所示的各种效应或现象，在大多数辉光放电镀膜工艺中的基片上同样可能发生。因为在辉光放电镀膜工艺中，基片的自偏压和接地极一样，都将形成相对于周围环境为负的电位，所以也应将基片视为溅射靶，只不过二者在程度上有很大的差异。

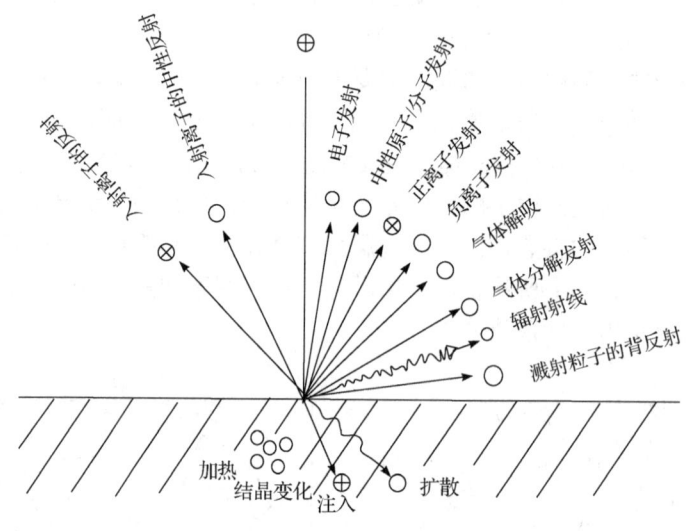

图 4-13 离子轰击固体表面所引起的各种效应

由于离子轰击固体表面所产生的各种现象与固体材料种类、入射离子种类及能量有关，表 4-3 示出了用 10~100eV 能量的氩离子对某些金属表面进行轰击时，平均每个入射离子所产生各种效应以及发生概率的大致情况。当靶材为介质材料时，一般其溅射率比金属材料小，但电子发射系数大。

表 4-3 离子轰击固体表面所产生各种效应及其发生概率

效应	名称	发生概率
溅射	溅射率 S	$S = 0.1 \sim 10$
离子溅射	一次离子反射系数 ρ	$\rho = 10^{-4} \sim 10^{-2}$
离子溅射	被中和的一次离子反射系数 ρ_m	$\rho_m = 10^{-3} \sim 10^{-2}$

效应	名称	发生概率
离子注入	离子注入系数 a	$a = 1-(\rho-\rho_m)$
离子注入	离子注入深度 d	$d = 1\sim10\text{nm}$
二次电子发射	二次电子发射系数 γ	$\gamma = 0.1\sim1$
二次离子发射	二次离子发射系数 k	$k = 10^{-5}\sim10^{-4}$

2. 溅射粒子的迁移过程

靶材受到轰击所逸出的粒子中，正离子由于反向电场的作用不能到达基片表面，其余的粒子均会向基片迁移。大量的中性原子或分子在放电空间输运过程中，与工作气体分子发生碰撞的平均自由程 λ_1 可用式(4-3)表示：

$$\lambda_1 = \bar{c}_1/(v_{11} + v_{12}) \tag{4-3}$$

式中，$\bar{c}_1$ 是溅射粒子的平均速率；v_{11} 是溅射粒子相互之间的平均碰撞次数；v_{12} 是溅射粒子与工作气体分子的平均碰撞次数。

通常，可认为溅射粒子的密度远小于工作气体分子的密度，则 $v_{11} \ll v_{12}$，故有

$$\lambda_1 \approx \bar{c}/v_{12} \tag{4-4}$$

式中，v_{12} 与工作气体分子的密度 n_2、平均速率 c_2、溅射粒子与工作气体分子的碰撞面积 A_{12} 有关，可用式(4-5)表示：

$$v_{12} = A_{12}\sqrt{(\bar{c}_1)^2 + (\bar{c}_2)^2} \cdot n_2 \tag{4-5}$$

式中，$A_{12} \approx \pi(r_1 + r_2)^2$，其中 r_1、r_2 分别是溅射粒子和工作气体分子的原子半径。

由于溅射粒子的速率远大于气体分子的速率，所以可以认为式(4-5)中，$v_{12} \approx A_{12}\bar{c}_1 n_2$，则溅射粒子的平均自由程可近似地由式(4-6)表示：

$$\lambda_1 = 1/\left[\pi(r_1 + r_2)^2 n_2\right] \tag{4-6}$$

溅射镀膜的气体压力为 $10^1\sim10^{-1}\text{Pa}$，此时溅射粒子的平均自由程为 $1\sim10\text{cm}$，因此靶与基片的距离应与该值大致相等。否则，溅射粒子在迁移过程中将发生多次碰撞，这样既降低靶材原子的动能，又增加靶材的散射损失。

尽管溅射原子在向基片的迁移输运过程中，会因与工作气体分子碰撞而降低其能量，但是由于溅射出的靶材原子能量远远高于蒸发原子的能量，所以溅射过程中沉积在基片上靶材原子的能量仍比较大，其值相当于蒸发原子能量的几十至上百倍。

3. 溅射粒子的成膜过程

薄膜的生长过程与机理将在第 7 章中介绍，这里主要叙述靶材粒子入射到基片上在沉积成膜过程中应当考虑的几个问题。

1) 沉积速率 Q

沉积速率 Q 是指从靶材上溅射出来的物质，在单位时间内沉积到基片上的厚度，该速率与溅射率 S 成正比，即有

$$Q = CIS \tag{4-7}$$

式中，C 为与溅射装置有关的特征常数；I 为离子流；S 为溅射率。

对于一定的溅射装置(即 C 为确定值)和一定的工作气体，该沉积速率 Q 与溅射率 S 和离子流 I 的乘积成正比，提高沉积速率的有效办法是提高离子流 I。但是，在不增高电压的条件下，增加 I 就只有增高工作气体的压力，当压力增高到一定值时，溅射率将开始明显下降。这是由靶材粒子的背返射和散射增大所引起的，因此较多地增高气体压力反而会降低沉积速率。

事实上，在大约 10Pa 的气压下，从阴极靶溅射出来的粒子中，只有 10%左右才能够穿越阴极暗区。所以，由溅射率来选择气压的最佳值是比较恰当的。

2) 沉积薄膜的纯度

为了提高沉积薄膜的纯度，必须尽量减少沉积到基片上杂质的量(杂质主要指真空室的残余气体)，因为通常有百分之几的溅射气体分子会注入到沉积薄膜中，特别是在基片加偏压时。若真空室容积为 V，残余气体分压为 P_c，氩气分压为 P_{Ar}，送入真空室的残余气体量为 Q_c，氩气量为 Q_{Ar}，则有

$$Q_c = P_c V, \quad Q_{Ar} = P_{Ar} V$$

即

$$P_c = P_{Ar} Q_c / Q_{Ar} \tag{4-8}$$

由此可见，欲降低残余气体压力 P_c，提高薄膜的纯度，可采取提高本底真空度和增加送氩量这两项有效措施，本底真空度为 $10^{-3} \sim 10^{-4}$Pa 较合适。

3) 沉积过程中的污染

在通入溅射气体之前，把真空室内的压强降低到高真空区内(10^{-4}Pa)是很必要的。即便如此，仍可存在许多污染源。①真空壁和真空室中的其他零件可能会吸附气体、水汽和二氧化碳。由于辉光中电子和离子的轰击作用，这些气体可能重新释出。因此，可能接触辉光的一切表面都必须在沉积过程中适当冷却，以便使其在沉积的最初几分钟内达到热平衡，也可在抽气过程中进行高温烘烤。②在溅射气压下，扩散泵抽气效率很低，扩散泵油的回流现象可能十分严重。③基片表面的颗粒物质对薄膜的影响是会产生针孔和形成沉积污染。因此，沉积前应对基片进行彻底的清洗，尽可能保证基片不受污染或携带微粒状污物。

4) 成膜过程中的溅射条件控制

首先，选择溅射率高、对靶材呈惰性、价廉、高纯的溅射气体。一般，氩气是较为理想的溅射气体。其次，应注意溅射电压及基片电位(接地、悬浮或偏压)对薄膜特性的严重影响。溅射电压不仅影响沉积速率，而且还严重影响薄膜的结构；基片电位则直接影响入射的电子流或离子流，如果对基片有目的地施加偏压，使其按电的极性接收电子

或离子，不仅可净化基片表面，增强薄膜附着力，还可改变沉积薄膜的结晶结构。此外，基片温度直接影响膜层的生长及特性。最后，靶材中杂质和表面氧化物等不纯物质，也是污染薄膜的重要因素。必须注意靶材的高纯和保持清洁的靶材表面。通常，在溅射沉积之前对靶进行的预溅射是使靶材表面净化的有效方法。此外，还应注意溅射设备中存在的诸如电场、磁场、气氛、靶材、基片温度、几何结构、真空度等参数间的相互影响。

4.2.4 溅射机理

溅射现象很早就为人们所认识，通过大量实验研究，对这一重要物理现象得出以下几点结论。

(1) 溅射率随入射离子的能量增加而增大，而在离子能量增加到一定程度时，由于离子注入效应，溅射率将随之减小。

(2) 溅射率的大小与入射粒子的质量有关。

(3) 当入射离子的能量低于某一临界值(阈值)时，不会发生溅射。

(4) 溅射原子的能量比蒸发原子大许多倍。

(5) 入射离子的能量低时，溅射原子角分布就不完全符合余弦分布规律。角分布还与入射离子方向有关。从单晶靶溅射出来的原子趋向于集中在晶体密度最大的方向。

(6) 因为电子的质量小，所以即使用具有极高能量的电子轰击靶材时，也不会产生溅射现象。

由于溅射是一个极为复杂的物理过程，涉及的因素很多，长期以来虽然对于溅射机理进行了很多的研究，提出过许多的理论，但都不能完善地解释溅射现象。尚未建立一套完整的、统一的理论和模型，能对所有实验结果做系统阐述和进行定量计算。下面简单解释溅射现象的两种较为成熟的理论：热蒸发理论和动量转移理论。

1. 热蒸发理论

早期认为，溅射现象是被电离气体的荷能正离子，在电场的加速下轰击靶材表面，将能量传递给碰撞处的原子，结果导致表面碰撞处的很小区域内，产生瞬间强烈的局部高温，从而使这个区域的靶材熔化，发生热蒸发。

热蒸发理论在一定程度上解释了溅射的某些规律和现象，如溅射率与靶材的蒸发热和轰击离子的能量关系、溅射原子的余弦分布规律等。

热蒸发理论不能解释溅射率与离子入射角的关系、单晶材料溅射时的溅射原子角分布的非余弦分布规律，以及溅射率与入射离子质量的关系等。

2. 动量转移理论

对于溅射特性的深入研究，各种实验结果都表明，溅射完全是一个动量转移过程。现在这一观点已成为定论，因而溅射又称为物理溅射。

动量转移理论认为，低能离子碰撞靶材表面时，不能从固体表面直接溅射出原子，而是把动量转移给被碰撞的原子，引起晶格点阵上原子的连锁式碰撞。这种碰撞将沿着晶体点阵的各个方向进行。同时，碰撞在原子最紧密排列的点阵方向上最为有效，因此晶体表面的原子从邻近原子那里得到越来越大的能量,如果这个能量大于原子的结合能,原子就从固体表面被溅射出来,能很好地解释热蒸发理论所不能说明的一些现象和规律,如溅射率与离子入射角的关系、溅射原子的角分布等规律。

下面介绍这一理论近似的溅射模型和理论计算结果。如前所述,当入射离子的能量较低时,假定它与靶原子以及靶原子之间的相互作用是刚性弹性碰撞,用此模型可形象地描述溅射过程,如图 4-14 所示,当入射刚体原子球击发一堆排列整齐的刚体靶原子时,引起刚体球之间一系列相互碰撞,使靶原子球散向各方,如果靶原子的运动方向沿着原击发原子的逆方向,就相当于逸出的靶原子。

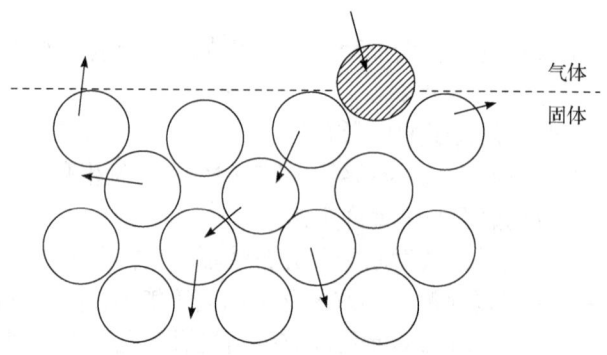

图 4-14 溅射原子的弹性碰撞模型

入射离子轰击所引起靶原子之间的一系列二级碰撞,称为级联碰撞。两球体间碰撞时有动量和动能的交换,若两个球体碰撞前后动能总和以及动量总和均保持不变,则弹性碰撞后能量就从一个球体转移到另一个球体。溅射过程实质上是入射离子通过与靶材碰撞,进行一系列能量交换的过程,入射离子转移到从靶材表面逸出的溅射原子上的能量大约只有入射能量的 1%,而大部分能量则通过级联碰撞而消耗在靶的表面层中,并转化为晶格的热振动。因为上述模型没有考虑原子之间存在的功函数,以及原子之间的碰撞性质随能量不同而异等问题,所以它并不能完全反映溅射的实际过程。但在溅射沉积的能量范围内(0.1～1keV),仍可以近似地阐明溅射过程。

4.3 溅射镀膜类型

溅射镀膜的类型较多,从电极结构上可分为二极溅射、三极或四极溅射和磁控溅射;射频溅射是为制备绝缘薄膜而研制的;反应溅射可制备化合物薄膜;为了提高薄膜纯度而分别研究出偏压溅射、非对称交流溅射和吸气溅射等;近年来为进行磁性薄膜的高速低温制备,还成功研究开发了对向靶溅射装置。本节重点介绍二极溅射、偏压溅射、射频溅射、磁控溅射、离子束溅射。

1. 二极溅射

被溅射的靶材(阴极)和生长薄膜的基片及其固定架(阳极)构成了溅射装置的两个电极,所以称为二极溅射,其结构示意图如图 4-15 所示。因溅射过程发生在阴极,故又称为阴极溅射。根据使用的电源类型对溅射装置进行命名：如果使用直流电源，则称为直流二极溅射；如果使用射频电源，则称为射频二极溅射。当靶和基片固定架都是平板状时，称为平面二极溅射；若靶和基片都是同轴圆柱状布置，则称为同轴二极溅射。

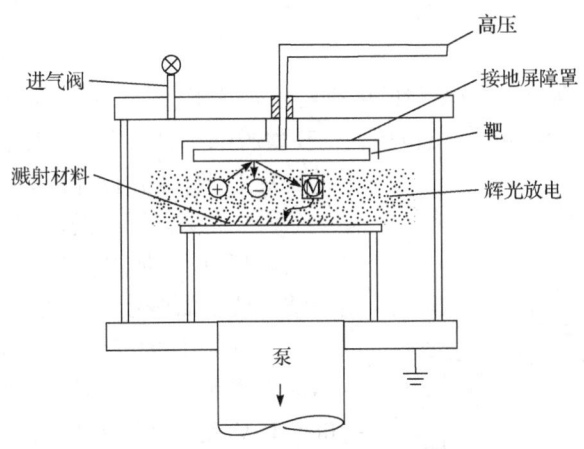

图 4-15　二极溅射装置示意图

直流二极溅射原理：用所需制备成薄膜的材料制成阴极靶，并接上负高压，为了在辉光放电过程中使靶材表面保持可控的负高压，靶材必须是导体。工作时，先将真空室预抽到高真空(如 $10^{-4}Pa$)，然后通入氩气使真空室内压力维持在 1~10Pa，接通电源，使得在阴极和阳极间产生异常辉光放电，并建立起等离子区，其中带正电的氩离子受到电场加速而轰击阴极靶，从而使靶材表面产生溅射原子。

直流二极溅射放电所形成的电回路，是依靠气体放电产生的正离子飞向阴极靶，一次电子飞向阳极形成的。而放电是依靠正离子轰击阴极靶时所产生的二次电子，经阴极暗区被加速后补充被消耗的一次电子来维持的。因此，在溅射镀膜过程中，电离效应是必备的条件。

为了提高沉积速率，在不影响辉光放电的前提下，基片应尽量靠近阴极靶，但从膜厚分布来看，阴极遮蔽最强的中心部位膜厚最薄，因此阴极靶和基片间的距离应为阴极暗区的 3~4 倍较为适宜。

直流二极溅射的工作参数为溅射功率、工作电压、工作压力和电极间距。溅射时主要监视功率、电压和气压参数。

直流二极溅射具有结构简单、易于获得大面积膜厚均匀的薄膜。但是这一镀膜技术还存在着以下缺点：①溅射参数不易独立控制，放电电流易随电压和气压变化，工艺重复性差；②溅射装置的排气系统一般多采用油扩散泵，但在直流二极溅射的压力范围内，扩散泵几乎不起作用，主阀处于关闭状态，排气速率小，所以残留气体对膜层污染较严重，薄膜纯度较差；③基片温升高(达数百摄氏度)，沉积速率低；④靶材必须是良导体。

为了克服这些缺点，可以采取以下改进措施：

(1) 设法在 $10^{-1}Pa$ 以上的真空度下产生辉光放电，同时形成满足溅射要求的高密度等离子体；

(2) 加强靶的冷却，在减少热辐射的同时，尽量减少或减弱由靶放出的高速电子对基片的轰击；

(3) 选择适当的入射离子能量。

2. 偏压溅射

直流偏压溅射与直流二极溅射的区别在于基片上施加一固定直流偏压，其装置示意图如图 4-16 所示。若施加的是负偏压，则在薄膜沉积过程中，基片表面都将受到气体离子的稳定轰击，随时清除可能进入薄膜表面的气体，有利于提高薄膜的纯度。并且，也可除掉黏附力弱的沉积原子，加之在沉积之前可对基片进行轰击清洗，使表面净化，从而提高薄膜的附着力。

偏压溅射还可以改变沉积薄膜的结构。在进行偏压对钽薄膜电阻率的影响研究中发现，偏压在 $-100 \sim 10V$ 范围内，膜层电阻率较高，属于 β-Ta 即四方晶格结构，当负偏压大于 100V 时，电阻率迅速下降，这时钽膜从 β 相变为正常体心立方结构，这种情况很可能是因为在基片加上正偏压后成为阳极，导致大量电子流向基片，引起基片发热。

在氩气中含有不同杂质(O_2)浓度时，沉积钽膜的电阻率与偏压存在明显的关系。在负偏压大于 20V 时，电阻率迅速下降，这表明杂质(O_2)已从钽膜中被溅射出来。而当负偏压较高时，电阻率逐渐上升，这是由 Ar 渗入钽膜的浓度增加引起的。因此，偏压技术有助于制造高纯度的薄膜。

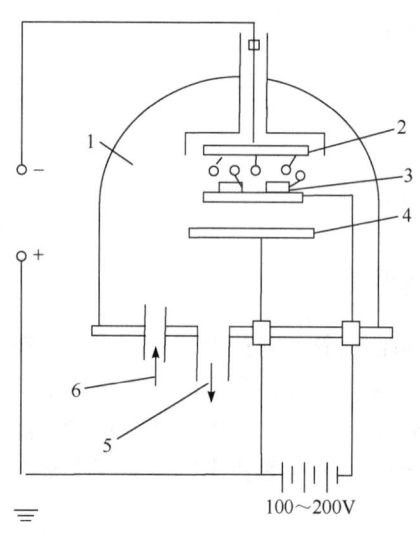

图 4-16 直流偏压溅射装置示意图
1-溅射室；2-阴极；3-基片；4-阳极；5-排气系统；6-氩气入口

3. 三极或四极溅射

直流二极溅射只能在较高气压下进行，因为它依赖离子轰击阴极所发射的次级电子来维持辉光放电。如果气压降到 $1.3 \sim 2.7Pa$，则阴极暗区扩大，电子自由程增加，等离子体密度下降，辉光放电便无法维持，三极溅射克服了二极溅射的缺点，它是在真空室内附加一个热阴极，由它发射电子并和阳极产生等离子体，同时使靶材相对于该等离子体为负电位，用等离子体中的正离子轰击靶材而进行溅射。如果为了引入热电子并使放电稳定，再附加第四极——稳定化电极，则称为四极溅射。

1) 三极或四极溅射的优点

三极或四极溅射克服了直流二极溅射只能在较高气压下进行溅射的缺点。三极溅射中，溅射的进行不再依赖于阴极所发射的二次电子，溅射速率可以由热阴极的发射电流控制，提高了溅射参数的可控性和工艺重复性。四极溅射的稳定化电极使放电趋于稳定。三极溅射装置在 100V 至数百伏的靶电压下也能工作。由于靶电压低，对基片的溅射损伤小，适宜用来制作半导体器件和集成电路。

2) 三极或四极溅射的缺点

(1) 三极或四极溅射还不能抑制由轰击靶材产生的高速电子对基片的轰击，特别是在高速溅射的情况下，基片的温升较高；

(2) 灯丝寿命短，还存在灯丝的不纯物沾污膜层等问题；

(3) 这种溅射方式并不适用于反应溅射，特别在用氧气作为反应气体的情况下，灯丝的寿命将显著缩短。

4. 射频溅射

由于直流溅射(含磁控)装置需要在溅射靶材上加一负电压，因而只能溅射导体材料。溅射绝缘靶时，由于放电不能持续，故不能溅射绝缘物质。为了沉积介质薄膜，射频技术得到发展。射频(radio frequency, RF)是振荡频率为300kHz～300GHz的电磁波的统称。射频溅射装置如图4-17所示，相当于直流溅射装置中的直流电源部分被改为了由射频发生器、匹配网络和电源所组成，利用射频辉光放电产生溅射所需的正离子。

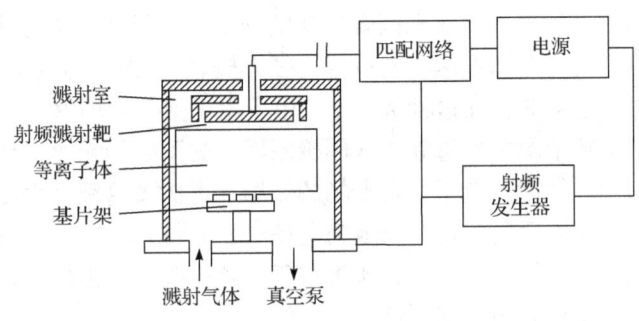

图4-17 射频溅射装置示意图

利用射频溅射技术进行薄膜制备的机理和特点如下。

(1) 对于直流溅射来说，如果靶材不是良导体材料，而是绝缘材料，正离子轰击靶材表面时就会使靶材带正电，导致其电位上升，离子加速电场就会逐渐变小，使离子溅射靶材变得不可能，于是辉光放电和溅射停止。如果在靶材上施加的是射频电压，当溅射靶处于上半周期时，由于电子的质量比离子的质量小得多，故其迁移率很高，仅用很短时间就可以飞向靶材表面，中和其表面积累的正电荷，并且在靶材表面又迅速积累大量的电子，使其表面因空间电荷呈现负电位，导致在射频电压的正半周期时也吸引离子轰击靶材，从而实现了在正、负半周期均可产生溅射。

(2) 在射频溅射装置中，等离子体中的电子容易在射频场中吸收能量并在电场内振荡，电子与工作气体分子碰撞并使之电离的概率非常大，使得击穿电压和放电电压显著降低，其值只有直流溅射时的十分之一左右。

(3) 克服了直流溅射(含磁控)只能溅射导体材料的缺点，射频溅射能沉积包括导体、半导体、绝缘体在内的几乎所有材料。

(4) 当离子能量高达数千电子伏时，绝缘靶上发射的次级电子数量也相当大，又由于靶材具有较高负电位，电子通过暗区得到加速，将成为高能电子轰击基片，导致基片发热、带电并损害镀膜的质量。须将基片放置在不直接受次级电子轰击的位置上，或者利用磁场使电子偏离基片。

5. 磁控溅射

前面所介绍的溅射镀膜技术的主要缺点是沉积速率较低，特别是阴极溅射，因为它在放电过程中，只有 0.3%~0.5%的气体分子被电离。为了在低气压下进行高速溅射，必须有效地提高气体的离化率。当在溅射中引入了正交电磁场，可以使离化率提高到 5%~6%。于是，溅射速率可比三极溅射提高 10 倍左右，对许多材料的溅射速率达到了电子速蒸发的水平。

磁控溅射的工作原理示意图如图 4-18 所示。电子在电场作用下，在飞向基片过程中与氩气分子发生碰撞，使其电离出 Ar^+ 和一个新的电子 e^-，电子飞向基片，Ar^+ 在电场作用下加速飞向阴极靶，并以高能量轰击靶材表面，使靶材发生溅射。在溅射粒子中，中性的靶原子或分子则沉积在基片上形成薄膜。二次电子 e_1^- 一旦离开靶材表面，就同时受到电场和磁场的作用。为了便于说明电子的运动情况，可以近似认为二次电子在阴极暗区时只受电场作用，一旦进入负辉光区就只受磁场作用。于是，从靶材表面发出的二次电子首先在阴极暗区受到电场加速飞向负辉光区，进入负辉光区的电子具有一定的速率，并且是垂直于磁力线运动的，在这种情况下，电子由于受到磁场 B 洛伦兹力的作用而绕磁力线旋转。电子旋转半圈之后重新进入阴极暗区，受到电场减速，当电子接近靶材表面时，速率则降为 0。然后，电子又在电场的作用下再次飞离靶材表面，开始一个新的运动周期。电子就这样周而复始跳跃般地朝电场×磁场所指向的方向漂移，简称 $E \times B$ 漂移。电子在正交电磁场作用下的运动轨迹近似于一条摆线，若为环形磁场，则电子就以近似摆线的形式，在靶材表面做圆周运动。

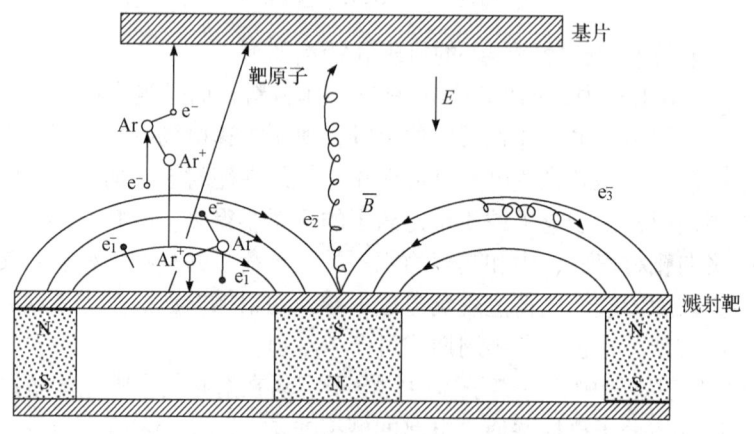

图 4-18 磁控溅射的基本原理

二次电子在环状磁场的控制下，运动路径不仅很长，而且被束缚在靠近靶材表面的等离子体区域内，在该区中电离出大量的 Ar^+ 用来轰击靶材，从而实现了磁控溅射沉积速率高的特点，随着碰撞次数的增加，电子 e_1^- 的能量消耗殆尽，逐步远离靶材表面，并在电场的作用下最终沉积在基片上，由于该电子的能量很低，传给基片的能量很小，致使极片温升较低,具体如图 4-19 所示。另外,对于处于磁场轴线处的电子 e_2^- 来说,由于电场与磁场平行,电子 e_2^- 将直接飞向基片,但是在磁场磁极轴线处离子密度很低,所以这一类型的电子很少,对基片温升作用极其微小。

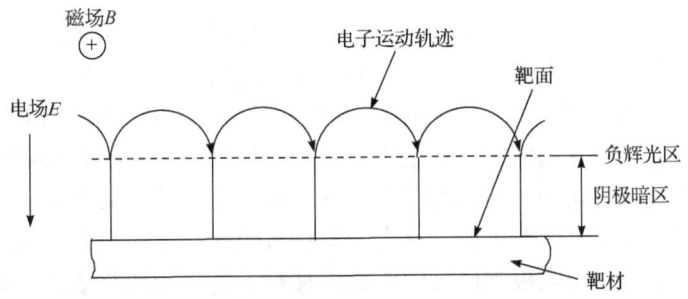

图 4-19 电子在正交磁场下的 $E×B$ 漂移

综上所述,磁控溅射的基本原理就是以磁场来改变电子的运动方向,并束缚和延长电子的运动轨迹,从而提高了电子对工作气体的电离概率,以及有效地利用了电子的能量。因此,使正离子对靶材轰击所引起的靶材溅射更加有效。同时,受正交电磁场束缚的电子又只能在其能量要耗尽时才沉积在基片上,引起的基片温升很低。这就是磁控溅射具有"低温""高速"两大特点的原理。磁控溅射需要具备两个条件:磁场与电场正交以及磁场方向与阴极表面平行。

磁控溅射不仅可得到很高的溅射速率,而且在溅射金属时还可避免二次电子轰击而使基片保持接近冷态。这对于使用单晶和塑料基片具有重要意义,磁控溅射电源可以为直流电源,也可以为射频电源,故能制备各种材料。

磁控溅射技术通过优化靶材设计、调整磁场分布、精确控制溅射参数等手段,实现了纳米量级薄膜的均匀沉积。这种能力对于制备量子点、纳米线、二维材料等新型纳米结构至关重要,通过多元靶材共溅射技术,磁控溅射能够精确控制不同材料在薄膜中的比例和分布,形成具有复杂成分和结构的复合薄膜。这些复合薄膜往往展现出单一材料所不具备的优异性能,如增强的力学性能、优异的电学性能或独特的光学性能。在高性能传感器、能量转换器件、生物医用材料等领域,高精度复合薄膜的制备显得尤为重要。

随着集成电路特征尺寸的不断缩小,对材料薄膜的均匀性、纯度、界面质量等要求日益提高。磁控溅射技术凭借其独特的优势,在制备高性能金属电极、介质层、阻挡层等方面发挥着重要作用。特别是在三维集成电路、柔性电子器件等新兴领域,磁控溅射技术为实现器件的小型化、集成化提供了强有力的技术支持。

但是磁控溅射存在三个问题:首先,不能实现强磁性材料的低温高速溅射,因为几乎所有的磁通都通过磁性靶材,所以在靶材表面附近不能外加强磁场;其次,使用绝缘材料靶会使基片温度上升;另外,靶材的利用率较低,这是由靶材侵蚀不均匀所导致的。

6. 对向靶溅射

对于 Fe、Co、Ni、Fe_2O_3、坡莫合金等磁性材料,要实现低温、高速溅射镀膜,有特殊的要求。采用前面所述的几种磁控方式都受到很大的限制。由于靶的磁阻很低，磁场几乎完全从靶中通过，因此不可能形成平行于靶材表面的、使二次电子做圆摆线运动的强磁场。若采用三极溅射和射频溅射，基片温升将非常严重。而采用对向靶溅射，即使用强磁性靶，也能实现低温、高速溅射镀膜。

对向靶溅射镀膜方法中两只靶相对安置，所加磁场和靶材表面垂直，且磁场和电场平行，阳极放置在与靶材表面垂直部位，和磁场一同起到约束等离子体的作用，其原理如图 4-20 所示。二次电子飞出靶材表面后，被垂直靶的阴极位降区的电场加速。电子在向阳极运动过程中受到磁场作用，做洛伦兹运动，但是由于两靶上加有较高的负偏压，部分电子几乎沿直线运动到对面靶的阴极位降区被减速，然后又向相反方向加速运动。加上磁场的作用，这样由靶产生的二次电子就被有效地封闭在两个靶极之间，形成柱状的等离子体。电子被两个电极来回反射，大大加长了电子运动的路程，增加了和氩气的碰撞电离概率，从而大大提高了两靶间气体的电离化程度；增加了溅射所需氩离子的密度，因而提高了沉积速率。

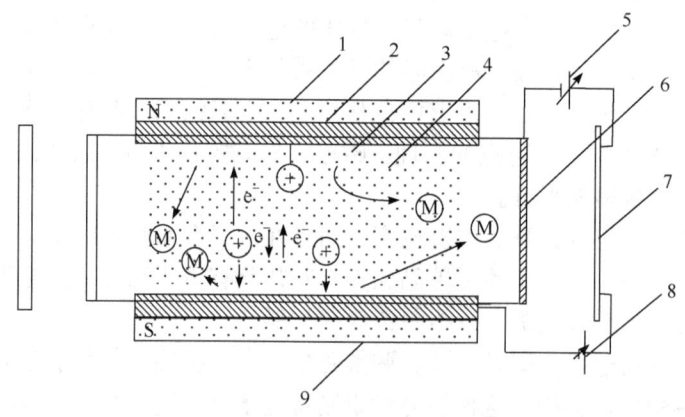

图 4-20 对向靶溅射原理图
1-N 极；2-对靶阴极；3-阴极暗区；4-等离子体区；5-基片偏压电源；6-基片；7-阳极；8-靶电源；9-S 极

二次电子除被磁场约束外，还受很强的静电反射作用，将等离子体紧紧地约束在两个靶材表面之间，避免了高能电子对基片的轰击，使基片温升很小。

对向靶可用于溅射磁性靶材，垂直靶材表面的磁场可以穿过靶材，在两靶间形成柱状的磁封闭，而一般磁控靶的磁场平行于靶材表面，易导致磁力线在靶材内短路，失去磁控的作用。对向靶磁控溅射具有溅射速率高、基片温度低、可沉积磁性薄膜等优点。

7. 反应溅射

利用溅射技术制备介质薄膜，除可采用射频溅射法外，另一种方法是采用反应溅射法，即在溅射镀膜时引入某些活性反应气体来改变或控制沉积特性，可获得不同于靶材的新物质薄膜。例如，在氧气中利用溅射反应而获得氧化物；在氮气或氨气中可获得氮化物；在氧气与氮气混合气体中可得到氮氧化合物；在 C_2H_2 或甲烷中可得到碳化物；在硅烷中可得到硅化物；在氢氟酸或 CF_4 中可得到氟化物等。

反应物之间产生反应的必要条件是，反应物分子必须具有足够高的能量，以克服分子间的势垒。势垒 ε 与能量之间的关系为

$$E_a = N_A \varepsilon \tag{4-9}$$

式中，E_a 为反应活化能；N_A 为阿伏加德罗常数。根据过渡态模型理论，两种反应物的分子进行反应时，首先经过过渡态——活化络合物，然后生成化合物，如图 4-21 所示。图中 E_a 和 E_0 分别为正、逆向反应活化能，X 为反应物初始状态能量，W 为终态能量，T 为活化络合物能量，ΔE 是反应物与生成物能量之差。由图可见，反应物要进行反应，必须要有足够的能量克服反应活化能。

如前所述，蒸发粒子的平均能量只有 0.1～0.2eV，而溅射粒子可达 10～20eV，比蒸发粒子高 2 个数量级左右。蒸发和溅射粒子的能量分布如图 4-22 所示。

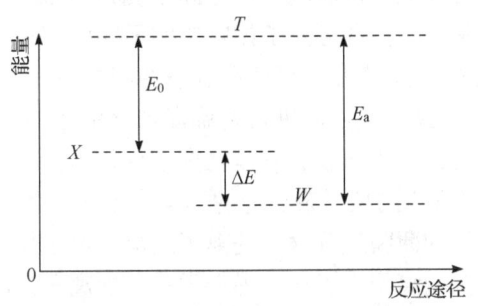
图 4-21　反应中反应能量变化示意图

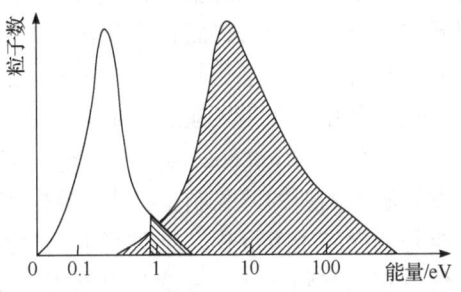
图 4-22　蒸发和溅射粒子的能量分布

如同蒸发一样，反应过程基本发生在基片表面，气相反应几乎可以忽略。另外，溅射时靶材表面的反应也不可忽视，这是因为受离子轰击的靶材表面金属原子变得非常活泼，加上靶材表面升温，使得靶材表面的反应速率大大增加。这时，在靶材表面同时存在着溅射和反应生成化合物两个过程。如果溅射速率大于化合物的生成速率，则靶可能处于金属溅射态；反之，反应气体压强增加或金属溅射率减小，则靶可能发生化合物生成的速率超过溅射速率而使溅射停止。这一机理有三种可能：第一，在靶材表面生成了溅射速率比金属低得多的化合物；第二，化合物的二次电子发射要比相应金属的二次电子发射量大得多，更多的离子能量用于产生和加速二次电子；第三，反应气体离子的溅射速率比惰性氩离子低。为了解决这一问题，常将反应气体和溅射气体分别送到基片和靶材附近，以形成压强梯度。

为了保证反应充分，必须控制入射在基片上的金属原子与反应气体分子的速率。在一定的反应气压下溅射，溅射功率越大，反应可能越不完全，通过调节功率可得到较小程度的薄膜吸收或者恒定溅射功率，调节反应气体压强，以获得低吸收薄膜。

通常的反应气体有氧、氮、甲烷、一氧化碳、硫化氢等。如前所述，根据反应溅射气体压力的不同，反应过程可以发生在基片上，或发生在阴极(反应后以化合物形式迁移到基片上)，一般反应溅射的气压都很低，气相反应不显著。但是，等离子体中流通电流很高，在反应气体分子的分解、激发和电离等过程中，该电流起着重要作用。因此，反应溅射中产生一股强大的由载能游离原子团组成的粒子流，伴随着溅射出来的靶原子从

阴极靶流向基片，在基片上克服与薄膜生长有关的激活能且形成化合物，这就是反应溅射的主要机理。

在很多情况下，只要简单地改变溅射时反应气体与惰性气体的比例，就可改变薄膜的性质，如可使薄膜由金属改变为半导体或非金属。大量实验结果表明，金属化合物的形成几乎全都发生在基片上，并且基片温度越高，沉积速率往往越快。在很多氧化物溅射实验中发现，用纯氧作为溅射气体是不必要的，通常氩气中只要有 1%～2%的氧气就可以获得与纯氧一样的效果。也就是说，只要保持足以使膜完全氧化的最少量氧即可。

8. 离子束溅射

上述的各种溅射方法，都是直接利用辉光放电中产生的离子进行溅射，并且基片也处于等离子体中，因此基片在成膜过程中不断地受到周围环境气体、原子和带电粒子，以及快速电子的轰击，而且沉积粒子的能量随基片电位和等离子体电位的不同而变化。因此，在等离子状态下镀制的薄膜，其性质往往差异较大，而且溅射条件如溅射气压、靶电压、放电电流等不能独立控制，这使得对成膜条件难以进行精确而严格的控制。

离子束溅射(ion beam sputtering，IBS)又称为离子束沉积，它是在离子束技术的基础上发展起来的新的薄膜制备技术。根据用于薄膜沉积的离子束功能的不同，可分为两类：一类是一次离子束沉积，这时离子束由需要沉积的薄膜组分材料的离子组成，离子能量较低，它们在到达基片后就沉积成膜，又称为低能离子束沉积；另一类是二次离子束沉积，离子束由惰性气体或反应气体的离子组成，离子的能量较高，将它们打到需要沉积的材料组成的靶材表面，引起靶原子溅射，再沉积到基片上形成薄膜，因此又称为离子束溅射。

离子束溅射沉积原理如图 4-23 所示，由大口径离子束发生源(离子源 1)引出惰性气体离子(Ar^+、Xe^+等)，使其照射在靶材表面产生溅射作用，利用溅射出的粒子沉积在基片上制得与靶材具有相同成分的薄膜。在大多数情况下，沉积过程中还要采用第二个离子源(离子源 2)，使其发出的第二个离子束对形成的薄膜进行照射，以便在更广范围控制沉积薄膜的性质。如果通过第二个离子源引入某些活性反应气体，则可以进行反应离子束溅射，获得与靶材成分不同的薄膜。使用两个离子源的方法又称为双离子束法。通常，第一个离子源多用考夫曼源，第二个离子源可用考夫曼源或自交叉场型离子源等。

离子束溅射是一种新的制膜技术，与等离子体溅射镀膜相比，装置较复杂，成膜速率低。但是，因为离子束是等能的(离子具有相等的能量)，且高度准直，所以与其他物理气相沉积技术相比，其能够精确地控制厚度，并沉积非常致密的高质量薄膜，具有以下优点。

(1) 在 $10^{-3}Pa$ 的高真空下，于非等离子状态下成膜，沉积的薄膜很少掺入气体杂质，所以纯度较高。

(2) 薄膜沉积发生在无电场区域，基片不再是电路的一部分，不会由于快速电子轰击使基片引起过热，所以基片的温升低。

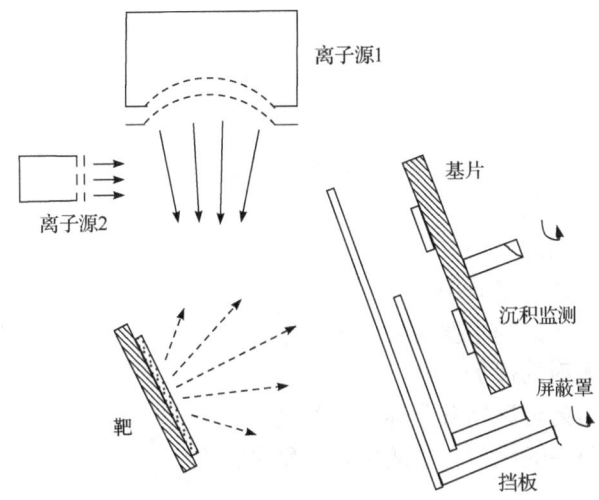

图 4-23 双离子束溅射示意图

(3) 可以对薄膜的制备条件进行独立的严格控制，重复性较好。

(4) 适用于制备多成分膜的多层膜。

(5) 许多材料都可以用离子束溅射进行制备，其中包括各种粉末、介质材料、金属材料和化合物等。特别是对于饱和蒸气压低的金属和化合物以及高熔点物质的沉积等，用离子束溅射比较适合。离子束溅射技术中所用离子源可以是单源、双源和多源。虽然这种镀膜技术所涉及的现象比较复杂，但是通过选择合适的靶及离子的能量、种类等，可以比较容易地制备各种不同的金属、氧化物、氮化物及其他化合物等薄膜，特别适合制作多组元金属氧化物薄膜。

目前这一技术已在磁性材料、超导材料以及其他电子材料的薄膜制备方面得到应用。此外，由于离子束的方向性强，离子流的能量和通量较易控制，所以也可用于研究溅射过程特性，如高能离子的轰击效应、单晶体的溅射角分布以及离子注入和辐射损伤等。

随着溅射技术的不断革新，溅射技术以及靶材的应用领域也在不断拓展。从传统的电子工业、光学仪器，到新兴的能源存储、生物医疗、环境保护等领域，溅射技术都发挥着不可替代的作用。

随着材料科学的不断进步，新型靶材如纳米材料、二维材料、高熵合金靶材等不断涌现，为薄膜技术带来更加丰富的材料选择和性能提升。环保意识的提升促使溅射薄膜制备技术向绿色化、低碳化方向发展。开发低能耗、低排放的靶材制备工艺，减少生产过程中的资源消耗和环境污染，将成为未来研究的重要方向。结合人工智能、大数据等先进技术，实现溅射过程的智能化控制，提高薄膜制备的精度和效率，降低生产成本，推动薄膜技术的广泛应用。此外，溅射镀膜技术的研究将不再局限于材料科学本身，而是与物理学、化学、电子工程、生物医学等多个学科紧密结合，形成跨学科的研究体系，共同推动薄膜技术的创新发展。

习 题

1. 溅射镀膜相比于真空蒸发镀膜的优势是什么？
2. 电子可以产生溅射效应吗？
3. 请简述溅射镀膜的原理。
4. 溅射阈值与哪些因素有关？
5. 为什么在溅射的过程中要对靶材进行冷却？
6. 请简述磁控溅射的优势。
7. 为什么射频溅射可以制备非导电的材料？
8. 离子束溅射与一般溅射方法的主要区别是什么？

第 5 章 化学气相沉积

化学气相沉积是一种化学气相生长方法，与前面介绍的真空蒸发镀膜、溅射镀膜同属于气相沉积方法，沉积原子均以气相的形式出现，然后在基片表面扩散生长，形成薄膜。物理气相沉积方法中，气相沉积原子是通过高温或高能离子轰击的方式产生的，是一种物理效应，而化学气相沉积方法中，气相沉积原子是通过化学键断裂的方式产生的，存在明显的化学变化，是一种化学效应，这也是化学气相沉积方法和物理气相沉积方法的根本区别所在。

化学气相沉积方法的应用范围非常广泛，可以制备多种物质薄膜，如各种单晶、多晶或非晶态无机薄膜，在以超大规模集成电路为中心的薄膜微电子学领域起着重要作用，特别是近年来采用化学气相沉积方法研制出了金刚石薄膜、高温超导薄膜、透明导电薄膜以及敏感功能薄膜，因而更加受到重视，发展迅速。

本章主要介绍化学气相沉积的概念、基本原理、特点及分类。

5.1 化学气相沉积的概念与基本原理

5.1.1 化学气相沉积的概念

化学气相沉积是一种通过气相化学反应进行薄膜生长的方法，其英文简写为 CVD(chemical vapor deposition)。这种方法是把含有构成薄膜元素的一种或几种化合物的气体供给基片，在基片附近，利用加热、等离子体、紫外光以及激光等方式提供能量，发生气体分子的热分解或化学合成，借助气相作用在基片表面发生化学反应，生成需要的薄膜。

CVD 不同于物理气相沉积(physical vapor deposition，PVD)，其根本区别在于，PVD 是利用加热或动量转移激发出块状材料表面的原子来制备薄膜，在原子的获取过程中只发生物理效应；而 CVD 则是在热能或其他能量的激发作用下，使气体分子发生化学反应，得到薄膜生长所需的物质。

5.1.2 CVD 法的基本原理

CVD 法制备薄膜的基本原理建立在化学反应的基础上，习惯上把反应物是气体而生成物之一是固体，且只有一种生成物是固体的反应称为 CVD 反应，通常认为有以下类型的 CVD 反应(以下各式中的(s)表示固相，(g)表示气相)。

热分解反应： $AB(g) \longrightarrow A(s) + B(g)$

例如： $SiH_4 \longrightarrow Si + 2H_2$

还原或置换反应： $AB(g) + C(g) \longrightarrow A(s) + BC(g)$ （C 为 H_2）

例如： $SiCl_4 + 2H_2 \longrightarrow Si + 4HCl$

氧化或氮化反应： $AB(g) + 2D(g) \longrightarrow AD(s) + B(g)$ （D 为 O_2 或 N_2）

例如： $SiH_4 + O_2 \longrightarrow SiO_2 + 2H_2$

水解反应： $AB_2(g) + 2HOH(g) \longrightarrow AO(s) + 2BH(g) + HOH(g)$

例如： $2AlCl_3 + 3CO_2 + 3H_2 \longrightarrow Al_2O_3 + 6HCl + 3CO$

歧化反应： $2AB_2(g) \rightleftharpoons A(s) + AB_4(g)$

例如： $2GeI_2(g) \rightleftharpoons Ge + GeI_4$

聚合反应： $xA(g) \longrightarrow A_x(s)$

例如： $nCH \equiv CH \longrightarrow \text{—}[CH=CH]_n\text{—}$

CVD 过程是一个涉及反应热力学和动力学的复杂过程。根据热力学原理，化学反应的自由能的变化 ΔG_r 可用反应生成物的标准自由能 G_f 来计算，即

$$\Delta G_r = \sum \Delta G_f(\text{生成物}) - \sum \Delta G_f(\text{反应物}) \tag{5-1}$$

ΔG_r 与反应系统中各分压强相关的平衡常数 K_P 之间存在以下关系：

$$\Delta G_r = -2.3RT \log K_P \tag{5-2}$$

且

$$K_P = \prod_{i=1}^{n} P_i(\text{生成物}) \Big/ \prod_{i=1}^{n} P_i(\text{反应物})$$

采用优选法和非线性方程法，可以计算多组分系统的热力学平衡问题。另外，实际反应中的动力学问题包括反应气体在表面的扩散、吸附、化学反应和反应副产物在表面解吸与扩散等过程。在较低衬底温度下，反应速率 τ 随温度按指数规律变化：

$$\tau = A e^{-\Delta E/(RT)} \tag{5-3}$$

式中，A 为有效碰撞的频率因子；ΔE 为活化能(对表面工艺一般为 20~100kcal/mol，1kcal = 4.1868kJ)。在较高温度下，反应物及副产物的扩散速率成为决定反应速率的主要因素，与温度的依赖关系在 $T^{1.5} \sim T^{2.0}$ 范围内变化。

上述各种类型的化学反应，在大多数情况下依靠热能激发，在某些情况下，特别是在放热反应时，基片温度低于进料温度而进行沉积，因此也可称为热 CVD。一个反应若要能够进行，其反应自由能的变化必须为负值，且随着温度的升高，相应的反应自由能的变化值下降，因此升温有利于反应的自发进行。所以，高温是 CVD 法的一个重要特征。有些化学反应的基片温度为 300~600℃，也有一些反应要求温度高于 600℃，甚至超过 1000℃，但有些基片，如有机玻璃最高只能承受 100℃，这使得基片材料在选用上

受到一定的限制。而且，由于反应发生在基片表面的高温区，气相反应的副产物有可能进入膜内而影响薄膜质量。

5.1.3 CVD 法制备薄膜的主要阶段

用 CVD 法制备薄膜的主要流程如下：首先，混合好的反应气体向基片表面扩散，待反应气体扩散完成后，其吸附于基片表面；其次，吸附于基片表面的气体分子在基片表面进行扩散，并发生化学反应，扩散过程中，部分气体分子会发生解吸，离开基片；然后，化学反应完成之后，在基片表面上产生的气相副产物脱离表面而扩散掉或被真空泵抽走，最终在基片表面留下不挥发的固体反应产物，这个产物即为所需要的薄膜。具体的流程如图 5-1 所示。

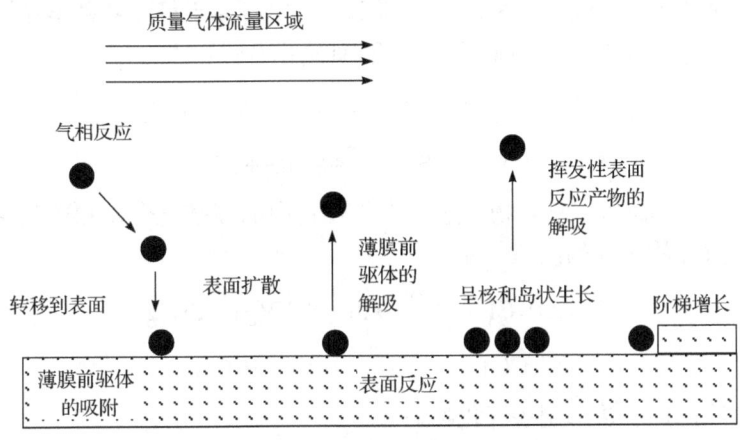

图 5-1 CVD 法制备薄膜的主要过程

上述过程是依次进行的，其中最慢的步骤限制了反应速率的大小。而且，由此可看到 CVD 的基本原理涉及反应化学、热力学、动力学、输运过程、膜生长现象和反应器工程等多学科范畴。对于一个过程能否按预期方向进行，可应用物理化学的基本知识对沉积过程进行热力学分析，找出反应向沉积薄膜方向进行的条件及平衡时能达到的最大产量或转换效率。

5.1.4 CVD 法的反应类型

1. 热分解反应

最简单的沉积反应是化合物的热分解。热分解法一般在简单的单温区炉中采用，在真空或惰性气体保护下加热基片至所需温度后，导入反应物气体，使之发生热分解，最后在基片上沉积出固态涂层。热分解法已用于制备金属、半导体和绝缘体等各种薄膜。

这类反应体系的主要问题是源物质和热分解温度的选择。在选择源物质时，既要考虑其蒸气压与温度的关系，又要特别注意在该温度下的分解产物中，固相必须仅为所需要的沉积物质，而没有其他杂物。目前用于热分解反应的化合物有以下几种。

(1) 氢化物。由于氢化物 H—H 键的离解能、键能都比较小，所以热分解温度低，唯一的副产物是无腐蚀性的氢气。例如，在高温下，利用硅烷(SiH4)制备 Si 材料便属于这一类型。将基片加热到 700~1100℃，然后将 SiH₄ 气体输运到基片表面，在基片表面便形成了所需要的 Si 材料，副产物 H₂ 发生挥发，被真空泵抽走：

$$SiH_4 \xrightarrow{700\sim1100℃} Si + 2H_2(g)$$

(2) 金属有机化合物。金属的烷基化合物，其 M—C 键能一般小于 C—C 键能，可广泛用于沉积高附着性的金属膜和氧化物薄膜，如：

$$2Al(OC_3H_7)_3 \xrightarrow{420℃} Al_2O_3 + 6C_3H_6(g) + 3H_2O$$

利用金属有机化合物可使化学气相沉积的温度大大降低，从而扩大了 CVD 反应的基片选择范围以及避免了基片变形问题产生。

(3) 氢化物和金属有机化合物体系。利用这类热解体系可在各种半导体或绝缘体基片上制备化合物半导体薄膜，如Ⅲ-Ⅴ族和Ⅱ-Ⅵ族化合物：

$$Ga(CH_3)_3 + AsH_3 \xrightarrow{630\sim675℃} GaAs + 3CH_4(g)$$

$$Cd(CH_3)_2 + H_2S \xrightarrow{475℃} CdS + 2CH_4(g)$$

(4) 其他气态络合物、复合物。这一类化合物中的羰基化合物和羰基氯化物多用于贵金属和其他过渡族金属的沉积，如：

$$Pt(CO)_2Cl_2 \xrightarrow{600℃} Pt + 2CO(g) + Cl_2(g)$$

$$Ni(CO)_4 \xrightarrow{140\sim240℃} Ni + 4CO(g)$$

单氨络合物已用于热解制备氮化物，如：

$$AlCl_3 \cdot NH_3 \xrightarrow{800\sim1000℃} AlN + 3HCl(g)$$

2. 化学合成反应

绝大多数 CVD 沉积过程都涉及两种或多种气态反应物，它们通过在一个热基片上发生化学反应，形成所需要的薄膜物质，这类反应称为化学合成反应。其中，最普遍的一种类型就是用氢还原卤化物来沉积各种金属和半导体薄膜，以及选用合适的氢化物、卤化物或金属有机化合物来沉积绝缘膜。最典型的例子是用氢气还原四氯化硅制备单晶硅的反应：

$$SiCl_4 + 2H_2 \xrightarrow{1150\sim1200℃} Si + 4HCl(g)$$

该反应与硅烷热分解不同，在反应温度下平衡常数接近于 1。因此，如果调整反应器内气流的组成，例如，加大氯化氢浓度，则反应就会向逆方向进行。一般可以利用这个逆反应在气相沉积之前进行气相腐蚀清洗。在经腐蚀过的单晶表面再进行沉积，则可以得到缺陷少、纯度高的薄膜。

与热分解反应相比，化学合成反应的应用范围更为广泛，因为可以用热分解法沉积的化合物并不是很多，但任意一种无机材料在原则上都可以通过合适的化学反应合成出来。用这种方法除了可以制备单晶薄膜以外，还可以制备多晶和非晶薄膜，如二氧化硅、三氧化二铝、氮化硅、硼硅玻璃、磷硅玻璃以及各种金属元素的氧化物、氮化物和其他元素间的化合物等。这些薄膜在电子、光学和机械等行业中具有重要的应用价值。其中，氮化硅用于晶体管和集成电路的钝化处理，可阻挡钠、钾等离子的穿透；而沉积在刀具、工具、工模具表面的氮化钛膜层可显著提高其使用寿命。

3. 化学输运反应

把需要沉积的物质当作源物质(非挥发性物质)，借助适当的气体介质与之反应而形成一种气态化合物，这种气态化合物经化学迁移或物理载带(利用载气)输运到与源区温度不同的沉积区，并在基片上发生逆向的反应，使源物质重新在基片上沉积出来，这样的反应过程称为化学输运反应，上述气体介质称为输运剂。这种方法最早用于稀有金属的提纯，如：

$$Ge(s) + I_2(g) \rightleftharpoons GeI_2$$

$$Zr(s) + I_2(g) \rightleftharpoons ZrI_2$$

$$ZnS(s) + I_2(g) \rightleftharpoons ZnI_2 + \frac{1}{2}S_2$$

在源区发生传输反应(向右进行)，源物质 Ge、Zr 或 ZnS 与 I_2 发生反应生成气态的 GeI_2、ZrI_2 或 ZnI_2；气态生成物被输运到沉积区之后，在沉积区发生沉积反应(向左进行)，Ge、Zr 或 ZnS 再被重新沉积出来。

如果输运剂 B 是气体化合物，而所要沉积的是固态物质 A，则输运反应通式为

$$A + xB \rightleftharpoons AB_x(g)$$

5.2 化学气相沉积的特点

CVD 法是通过各种气体混合后的化学反应来形成薄膜的，所以可任意控制薄膜的组成，从而得到许多新的薄膜材料。其优点主要包括以下几点。

(1) 既可以制作金属薄膜、非金属薄膜，又可按要求制作多成分的合金薄膜。通过对多种气体原料的流量进行调节，能够在相当大的范围内控制产物的组成，并制作混晶等组成和结构复杂的晶体，同时能制取用其他方法难以得到的优质薄膜，如 GaN、BP 等。

(2) 成膜速率可以很快，每分钟可达几微米，甚至数百微米；同一炉中可放置大量的基片或工件，能同时制得均匀的膜层，这是其他薄膜技术如液相外延和分子束外延所不能比拟的。

(3) CVD 反应在常压或低真空下进行，镀膜的绕射性好，对于形状复杂的基片表面或工件的深孔、细孔，都能得到均匀镀膜，具有台阶覆盖性能，适用于复杂形状的基片，其在这方面比物理气相沉积方法优越。

(4) 能得到纯度高、致密性好、残余应力小、结晶良好的薄膜镀层。由于反应气体、

反应产物和基片的相互扩散,可以得到附着力好的膜层,这对于表面钝化、抗腐蚀和耐磨等特点的表面增强膜是很重要的。

(5) 薄膜生长的温度低于膜材料的熔点,可以得到纯度高、结晶完全的膜层材料,适宜进行半导体膜层的制备。膜层纯度高的原因主要是低温生长、反应气体和反应器壁以及其中所含不纯物几乎不发生反应、对膜层生长的污染少。结晶完全的原因可以解释如下:从理论上讲,完整结晶只有在 0K 才是稳定的,根据在某一确定温度下,稳定状态取自由能最低的原则,单从熵考虑,不完整晶体更稳定,要想获得更完整的结晶,应该在更低的温度下生长;但是从生长过程考虑,若想获得更完整的结晶,必须在接近平衡的条件下生成,而非平衡度大时,缺陷和不纯物的引入会变得十分显著,这并不意味着温度越高越好。因此,在实际的生长过程中,可综合考虑上述两个因素,选择合适的生长温度,使薄膜的结晶程度达到最佳。

(6) CVD 法可获得平滑的沉积薄膜表面。这是由于和液相外延(liquid phase epitaxy, LPE)等相比,CVD 是在高饱和度下进行的,成核率高、成核密度大,在整个平面上分布均匀,从而形成宏观平滑的表面;在 CVD 中,与沉积相关的分子或原子的平均自由层比 LPE 要大得多,其分子的空间分布更均匀,有利于形成平滑的沉积表面。

(7) 辐射损伤低。这是制造 MOS 半导体器件等不可缺少的条件。

CVD 方法最大的缺点是化学反应所需的温度太高,一般要在 1000℃左右,许多基片材料都承受不住如此的高温。这一缺点也导致其在其他方面产生了不足,主要包括以下几点。

(1) 设备操作成本高。CVD 法通常需要在高温下进行薄膜材料的制备,导致设备复杂,操作成本较高,特别是对于大面积薄膜的制备,CVD 成本更高。

(2) 难以控制成膜的均匀性。CVD 过程中的气体输运和反应动力学过程可能导致薄膜的厚度和成分在衬底表面上分布不均匀,这会限制其在需要高度均匀性领域中的应用。

(3) 污染和废弃物处理。CVD 法制备过程中常涉及有机气体、金属有机化合物或气体中的其他污染物质,这些物质可能对环境和人体健康造成潜在风险,处理 CVD 过程中产生的废弃物也是一个挑战。

(4) 高温对衬底的限制。CVD 法制备薄膜常需要在高温条件下进行,这对于某些低熔点热敏性材料或基片来说是不可行的。此外,高温还可能导致衬底扭曲或产生热应力,进而影响薄膜的质量和衬底的稳定性。

(5) 生长速率限制。CVD 法制备薄膜的生长速率通常较慢,这使得大规模生产和快速制备成为一些应用的挑战。此外,即使提高生长速率,也可能会以牺牲膜层质量和均匀性为代价。

5.3 化学气相沉积法的分类

利用 CVD 法进行薄膜的制备,应选择合适的反应物和反应器,需要考虑的因素很多,主要有薄膜的性质、质量、成本、设备大小及操作是否方便、原料的纯度和来源及安全可靠等。但任何 CVD 所用的反应体系，都必须满足以下三个条件。

(1) 在沉积温度下，反应物必须有足够高的蒸气压，要保证能以适当的速率被引入反应室。

(2) 除了所需要的沉积物为固态薄膜之外，其他反应产物必须是挥发性的。

(3) 沉积薄膜本身必须具有足够低的蒸气压，以保证在整个沉积反应过程中都能保持在受热的基片上，基片材料在沉积温度下的蒸气压也必须足够低。

总之，CVD 的反应物在反应条件下是气相，生成物之一必须是固相。

CVD 法可以按照不同的条件进行分类，常见的分类主要有以下三类。

首先，按照基片温度的不同可以分为低温(200～500℃)CVD、中温(500～1000℃)CVD 和高温(1000～1300℃)CVD。

其次，可以按照反应器内的压力分为常压 CVD(atmospheric pressure CVD，APCVD)、低压 CVD(low pressure CVD，LPCVD)、等离子体增强 CVD(plasma-enhanced CVD，PECVD)、高密度等离子 CVD(high density plasma CVD，HDPCVD)，同时也可以依照反应壁的温度分为热壁方式 CVD 和冷壁方式 CVD。

最后，按照激活方式可以分为热激活 CVD 和等离子体激活 CVD 等。各种 CVD 装置都包括以下主要部分：反应气体输入部分、反应激活能源供应部分和气体排出部分。

在上述的分类方法中，按照反应器内的压力的分类方法使用最广。下面介绍常用的 CVD 方法。

1. 常压 CVD

常压 CVD 又称为开口体系 CVD，开口体系在一个大气压或稍高于一个大气压下进行，一般包括气体净化系统、气体测量和控制部分、反应器、尾气处理系统和抽真空系统等。

在室温下，原料不一定都是气体，若用液体原料，需要加热使其产生蒸气，再由载流气体带入炉内；若用固体原料，加热升华后产生的蒸气由载流气体带入反应室，在这些反应物进入沉积区之前，一般不希望它们之间相互反应。因此，在低温下会相互反应的物质，在进入沉积区之前应隔开。

图 5-2 为常见的 APCVD 装置——开口管式炉 CVD 装置，这一装置左侧存在多路进气口，参与反应的气体可以是 N_2、H_2、HCl、$SiCl_4+H_2$ 等，可以同时实现多路气体的混合反应，在管式炉的中部，存在电阻加热装置，通过加热，能够使位于样品架上方的基

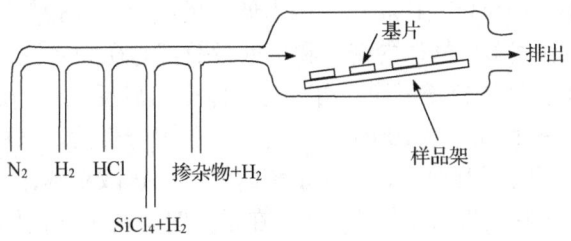

图 5-2 常见的 APCVD 装置

片处于高温的状态，当多路气体输运到基片表面时，在高温的作用下发生化学反应，生成所需要的物质，气体反应的副产物为气体，通过右侧的排气口排出管式炉。

开口体系装置的特点是能连续地供气和排气，物料的输运一般是靠外加不参与反应的惰性气体来实现的，由于至少有一种反应产物可连续地从反应区排出，这时反应总处于非平衡状态，有利于形成薄膜沉积层。开口体系也可在真空下连续或脉冲地供气，以及不断地抽出副产物，这种系统有利于沉积厚度均匀的薄膜。开口体系的沉积工艺容易控制，工艺重现性好，工件容易取放，同一装置可反复多次使用。

基于 APCVD 的便利性，其在科学研究中经常被用到，Charalampos Drosos 等总结了 APCVD 法在能耗材料制备领域的应用前景，给出了这一制备技术在生长热致变色涂层、电致变色电极材料、锂离子电池材料和超级电容方面的优势，指出这一能够在大气压下工作的简单制备技术可与高体积、在线玻璃制作工艺相比拟。研究中常用 CVD 装置示意图如图 5-3 所示。

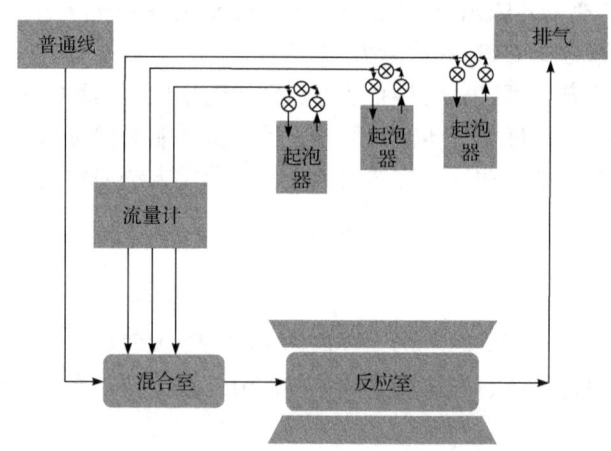

图 5-3　研究中常用 CVD 装置示意图

2. 低压 CVD

CVD 过程本质上是一个气相的输运和反应的过程。LPCVD 的原理与 APCVD 基本相同，其主要区别是，低压下气体的扩散系数增大，使气态反应物与副产物的质量传输速率加快，形成沉积薄膜的反应速率增大。该方法的反应压强低(通常小于 10Pa)；制得的样品纯度高，生长的薄膜均匀，低压下扩散系数大；沉积速率比较高，质量传输快；生长的薄膜内应力小；与 APCVD 相比，压力低，反应温度也较低。

由气体分子运动论可知，气体的密度和扩散系数都与压力有关，前者与压力成正比，而后者与压力成反比。气体分子平均自由程与气体压力成反比。当反应器内的压力从常压降至 LPCVD 中所采用的压力 10^2Pa 以下时，即压力降低为原来的 1/1000，分子的平均自由程将增大 1000 倍。因此，LPCVD 系统内气体的扩散系数比 APCVD 增大了 1000 倍。扩散系数增大意味着质量输运加快，能够在很短时间内消除气体分子分布的不均匀，使整个系统空间气体分子均匀分布，所以能生长出厚度均匀的薄膜。而且，由于气体的扩散系数和扩散速率都增大，基片能以较小的间距迎着气流方向垂直排列，可使生产效率大大提高,并且可以减少自掺杂,改善杂质分布。

由于气体分子的运动速率快,参与反应的气体分子在各点上所吸收的能量相差很小,因此它们的化学反应速率在各点上就会大体相同,这是生长均匀薄膜的原因之一。在气体分子输运过程中,参与化学反应的反应物分子在一定的温度下吸收了一定的能量,使这些分子得以活化而处于激活状态,这些被活化的反应物分子间发生碰撞,进行动量交换,即发生化学反应。由于 LPCVD 比 APCVD 系统中气体分子间的动量交换速率快,因此被激活的参与化学反应的反应物气体分子间易发生化学反应,也就是说 LPCVD 系统中沉积速率高。

常见的 LPCVD 装置如图 5-4 所示,图中为三温区的 LPCVD 装置,由石英管制成,采用真空泵降低石英管内的压力,由于在低于一个大气压下进行薄膜的生长,需要获得装置内的压力值,所以在装置的入口处安装了压力传感器。

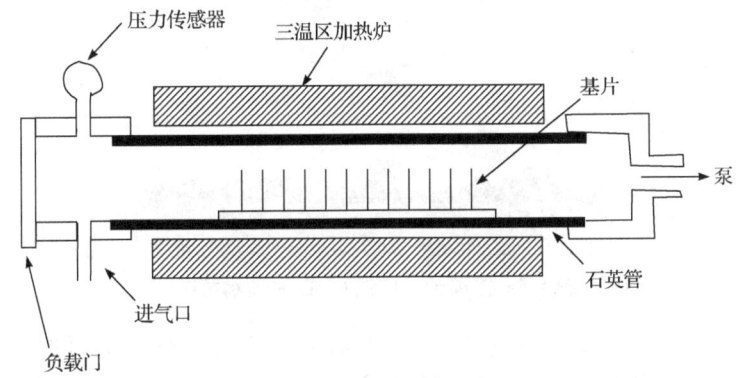

图 5-4 常见的 LPCVD 装置

此外,随着压力的下降,反应温度也下降。例如,当反应压力从 10^5Pa 降至数百帕时,反应温度可以下降 150℃ 左右。用 LPCVD 法可以制备单晶硅和多晶硅薄膜、氮化硅薄膜和Ⅲ-Ⅴ族化合物薄膜,以及氮化硅、二氧化硅和三氧化二铝等薄膜。由于它们的优良性能,因而可以用于超大规模集成电路的制造。

3. 等离子体增强 CVD

一般的 CVD 法都需要高温度以激活气体分子之间的化学反应,高温导致基片的温度过高,通常超过 1000℃,其带来的主要问题是容易引起基片的变形和组织上的变化,会降低基片材料的力学性能,基片材料与膜层材料在高温下会相互扩散,在界面处形成某些脆性相,从而削弱了两者之间的结合力,与集成电路的制作工艺不兼容。为了降低 CVD 法制备薄膜的基片温度,人们研制了等离子体增强 CVD(PECVD)法。

等离子体激活的化学气相沉积方法原理:利用辉光放电的物理作用来激活化学气相沉积中气体之间的化学反应。在辉光放电所形成的等离子体中,既存在电子,也存在正离子,由于电子和离子的质量悬殊,二者通过碰撞交换能量的过程比较缓慢,因此在等离子体内部,各种带电粒子各自达到其热力学平衡状态,意味着等离子体中没有统一的温度,只有电子气温度和离子温度。

这种方法中，电子气温度比普通气体分子的平均温度高 10～100 倍，电子气的电子能量为 1～10eV，相当于 10^4～10^5K 高温的能量，而普通气体分子的温度通常在 10^3K 以下。通常情况下，原子、分子、离子等粒子的温度只有 25～300℃。从宏观上来看，这种等离子体对外显示的温度并不高，但其内部处于受激发的状态，电子所具有的能量足以使气体分子键断裂，并导致具有化学活性的物质(活性分子、离子、原子等)产生，使本来需要在高温下才能进行的化学反应，由于反应气体的电激活作用大大降低了反应温度，从而在较低的温度甚至在常温下也能在基片上发生，形成固体薄膜，如图 5-5 所示。

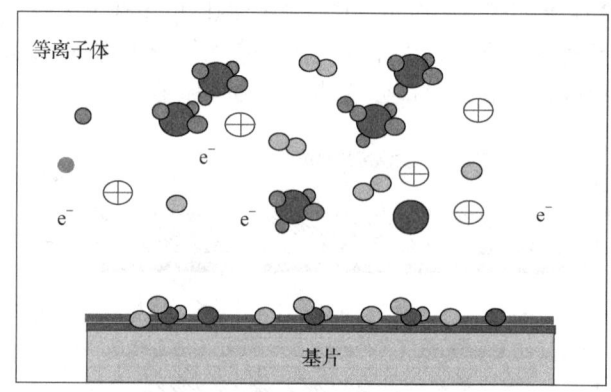

图 5-5　等离子体增强 CVD 原理示意图

等离子体增强 CVD 既包括化学气相沉积技术，又有辉光放电的增强作用，兼具化学气相沉积和物理气相沉积特性的薄膜制备方法。在 PECVD 过程中，除了有热化学反应外，还存在着极其复杂的等离子体化学反应。用于激发 CVD 的等离子体有射频等离子体、直流等离子体、脉冲等离子体和微波等离子体，以及电子回旋共振等离子体等。它们分别由射频、直流高压、脉冲、微波和电子回旋共振激发稀薄气体进行辉光放电而得到，放电气体压强一般为 1～600Pa。

等离子体在化学气相沉积中具有重要意义：首先，它们可以将反应物中的气体分子激活成活性离子，降低反应所需的温度；同时，会加速反应物在表面的扩散作用(表面迁移)，提高成膜速率；此外，对于基片及膜层表面具有溅射作用，溅射掉那些结合不牢的粒子，加强了形成的薄膜和基片的附着力；最后，反应物中的原子、分子、离子和电子之间的碰撞散射作用，使形成的薄膜厚度均匀。

PECVD 与普通 CVD 相比具有如下优点：

(1) 可以低温成膜(最常用的温度是 300～350℃)，对基片影响小，并可以避免高温成膜造成的膜层晶粒粗大以及膜层和基片间生成脆性相等问题；

(2) PECVD 在较低的压强下进行，反应物中的分子、原子、等离子粒团与电子之间的碰撞、散射、电离等作用，提高了膜厚及成分的均匀性，得到的薄膜针孔少、组织致密、内应力小、不易产生裂纹；

(3) 扩大了化学气相沉积的应用范围，特别是提供了在不同的基片上制取各种金属薄膜、非晶态无机薄膜、有机聚合物薄膜的可能性；

(4) 膜层在基片表面的附着力大于普通 CVD。

4. 有机金属化学气相沉积

有机金属化学气相沉积(metal-organic chemical vapor deposition，MOCVD)或有机金属气相外延(metal-organic vapor phase epitaxy，MOVPE)，是一项利用有机金属化合物的热分解反应进行薄膜气相外延生长的 CVD 技术，该法目前主要用于化合物半导体气相生长。它是把反应物质全部以有机金属化合物的气体分子形式，用 H_2 作为载带气体送到反应室，进行热分解反应而形成化合物半导体的一种新技术。由于它用控制气体流量的方法，容易改变化合物的组成及掺杂浓度，同时所用的设备比较简单、生长速率快、周期短，在半导体器件工艺中开始应用和受到重视。

MOCVD 法的原理主要是利用热分解化合物，其原理与利用 SiH_4 热分解得到硅外延生长的技术相同。但是，作为含有化合物半导体元素的原料化合物必须满足以下条件：首先，在常温下较稳定且容易处理；其次，反应的副产物不应妨碍晶体生长，不应污染生长层；最后，为适应气相生长，在室温附近应具有适当的蒸气压($\geqslant 1Torr$)。到目前为止，比较好的契合 MOCVD 法的主要原料为金属的烷基/芳基衍生物、烃基衍生物、乙酰丙酮基化合物、羰基化合物等。

MOCVD 系统的组件可大致分为反应腔、气体控制及混合系统、反应源及废气处理系统。

反应腔是所有气体混合及发生反应的地方，腔体通常由不锈钢或石英打造而成，而腔体的内壁通常具有由石英或高温陶瓷所构成的内衬。在腔体中会有一个乘载盘用来乘载基片，这个乘载盘必须能够有效率地吸收加热器所提供的能量而达到薄膜生长时所需要的温度，而且不能与反应气体发生反应，所以多半由石墨制造而成。依照设计的不同，有的加热器设置在反应腔体之内，有的设置在腔体之外。加热器的加热方式种类有红外线灯管、热阻丝及微波等。在反应腔体内部通常有许多可以让冷却水流通的通道，以避免腔体本身在薄膜生长时发生过热的状况产生。

气体控制及混合系统是指载流气体从系统的最上游供应端流入系统，经由流量控制器的调节来控制各个管路中的气体流入反应腔的流量。在这些气体流入反应腔之前，必须先经过一组气体切换路由器来决定管路中的气体是该流入反应腔还是直接排至反应腔尾端的废气管路。流入反应腔体的气体则可以参与反应生成长薄膜，直接排入反应腔尾端的废气管路的气体则不参与薄膜生长反应。

反应源可以分为两种，一种是有机金属反应源，另一种是氢化物气体反应源。有机金属反应源储存在一个具有两个联外管路的密封不锈钢罐内，在使用此金属反应源时，将这两个联外管路各与 MOCVD 机台的管路以 VCR 接头紧密接合，载流气体可以从其中一端流入，并从另一端流出时将反应源的饱和蒸气带出，进而能够流至反应腔。氢化物气体反应源则是储存在气密钢瓶内，经由压力调节器及流量控制器来控制流入反应腔体的气体流量。无论是有机金属反应源还是氢化物气体反应源，都是具有毒性的物质，有机金属在接触空气之后会发生自然氧化，所以毒性较低，而氢化物气体则是毒性相当高的物质，因此在使用时务必要特别注意安全。常用的有机金属反应源有三甲基镓、三甲基铝、三甲基铟、双(环戊二烯)镁、碲化二异丙酯等。常用的氢化物气体反应源则有砷化氢(AsH_3)、磷化氢(PH_3)、氨气(NH_3)及硅乙烷(Si_2H_6)等。

废气处理系统位于系统的最末端，负责吸附及处理所有通过系统的有毒气体，以减少对环境的污染。常用的废气处理系统可分为干式、湿式及燃烧式等种类。

MOCVD 已成功用于制备超晶格结构、超高速器件和量子型激光器等。MOCVD 的迅速发展主要是由其独特优点所决定的，其特点如下。

(1) 沉积温度低。例如，对于 ZnSe 薄膜，采用普通 CVD 技术，沉积温度为 850℃左右，而 MOCVD 仅为 350℃左右；又如，用四甲基硅烷为原材料制备碳化硅，生长温度低于 300℃，远低于用 $SiCl_4$ 和 C_3H_8 为原材料的生长温度。由于沉积温度低，因而减少了自污染，提高了薄膜的纯度。许多宽禁带材料有易挥发组分，高温生长易产生空位，形成无辐射跃迁中心，且空位与杂质的存在是造成自补偿的原因，所以低温沉积有利于降低空位密度和解决自补偿问题，对基片取向要求低。

(2) MOCVD 由于不采用卤化物原料，沉积过程中不存在刻蚀反应，可通过稀释气体来控制沉积速率，有利于沉积沿膜厚度方向成分变化极大的膜层和多次沉积不同成分的极薄膜层，可用来制备超晶格材料和外延生长各种异质结构。

(3) MOCVD 适用范围广，几乎可以生长所有的化合物和合金半导体，如控制Ⅲ族 Al、Ga、In 等有机金属的物质的量之比，可以生成不同成分的混合晶体，而且 MOCVD 是非平衡的生长过程，能沉积卤族 CVD 和液相外延(LPE)不能制取的混合晶体。

(4) 仅单一的生长温度范围是生长的必要条件，反应装置容易设计，比气相外延简单，生长温度范围较宽，生长易于控制，适用于大批量生产。

(5) 可在蓝宝石、尖晶石基片上实现外延生长。

其缺点也非常明显：许多有机金属化合物蒸气有毒且易燃，给有机金属化合物的制备、储存、运输和使用带来了困难，必须采取严格的防护措施；由于反应温度低，有些金属有机化合物在气相中就发生反应，生成固态微粒再沉积到衬底表面，形成薄膜中的杂质颗粒，破坏了膜的完整性。

5. 原子层沉积

早在 20 世纪 60 年代，苏联科学家在开展催化剂和吸附剂表面修饰研究时发现在硅胶表面生长的 TiO_2 具有自限制特性，提出了"分子层"概念。20 世纪 70 年代，芬兰科学家建立了第一个原子层外延(atomic layer epitaxy, ALE)沉积系统，成功沉积了 ZnS、SnO_2、GaP，并因此在 1977 年获得了世界上第一个原子层沉积(atomic layer deposition, ALD)的发明专利。

原子层沉积是通过气相前驱体及反应物脉冲交替地通入反应腔，并在基片上发生表面化学反应形成薄膜的一种方法，通过自限制性的前驱体交替饱和反应获得厚度、组分、形貌及结构在纳米尺度上高度可控的薄膜。该方法对基片材料没有限制，尤其适用于具有高深宽比或复杂三维结构的基材。采用 ALD 制备的薄膜具有高致密性(无针孔)、高保形性及大面积均匀性等优异性能，这对薄膜的使用具有重要的实际意义。

ALD 要求前驱体具有良好的挥发性、足够的反应活性，不能发生自分解，不能对薄膜或衬底具有腐蚀或溶解作用；前驱体可以是气体、液体或固体，一般要求其在工作源温度时的蒸气压不小于 0.1Torr，且使用温度最高不超过 300℃；前驱体进入反应室后，需快速地在沉积表面发生化学吸附，并易与其他前驱体发生化学反应；反应前驱体应在很短的时间内(小于 1s)达到饱和，以保证合理的反应速率；前驱体所参与的 ALD 反应的吉布斯自由能具有很大的负值。

ALD 一般利用贵金属有机化合物和氧气进行反应生长贵金属薄膜。金属前驱体的有机配体被氧化，生成燃烧产物 CO_2 和 H_2O，分子氧在贵金属表面可逆吸附和解离，在表面铂等金属的催化下，配体发生脱氢。ALD 沉积过渡金属需要选择合适的还原剂，反应机制主要包括氢还原反应、氧化还原反应和氟硅烷消去反应。

铜很难黏附在 SiO_2 表面，需要先进行 ALD 沉积其他金属籽晶层，如钴、铬、钌等，铜膜粗糙度就会明显得到改善。高温制备微电子器件时，铜还会扩散到 SiO_2 或 Si 衬底内，因此铜和 Si 之间需要一个超薄的阻挡层，其应热稳定性好且具有高黏附力，ALD 沉积的钌和钨可作为铜互连的扩散阻挡层。

目前合适的 ALD 前驱体仍较为匮乏，ALD 材料数据库及其相关工艺库亟待丰富。常见的金属前驱体有金属单质、金属卤化物、有机金属烷基化合物、有机金属环戊二烯化合物、金属 β 二酮盐、金属醇盐、金属氨基和硅氨基化合物、金属脒基化合物等。常用的非金属前驱体有 H_2O、O_3、NH_3、H_2、H_2S 和不同气体(O_2、N_2、NH_3 和 H_2)等离子体。

不同于传统的化学气相沉积，ALD 具有表面自限制的特点，因此在众多薄膜制备技术中脱颖而出，原子层沉积的特点主要有以下几点。

(1) 通过调节反应循环次数精确控制薄膜厚度，形成原子级厚度的薄膜。

(2) 薄膜沉积温度范围友好，通常为室温～400℃。

(3) 可广泛适用于各种形状的衬底，在高深宽比结构及其他复杂三维结构中也可生成保形性极好的薄膜。

(4) 前驱体或反应物的饱和化学吸附，能保证生成大面积均匀性的薄膜。

(5) 基于自限制特性，ALD 过程不需要控制前驱体或反应物流量的均一性，所制备的薄膜光滑、致密、无针孔。

(6) 适合界面修饰和制备多组元纳米叠层结构。

(7) 具备规模化生产能力。

表 5-1 所示为常见的化学气相沉积方法的比较，便于在应用中进行灵活的选择。

表 5-1 化学气相沉积方法的比较

方法	生长源	生长温度/℃	生长速率/(μm/h)	工作压强/Torr	沉积承载方式	等离子体源
APCVD	前驱体	550～1100	2～300	常压	承载舟	—
LPCVD	前驱体	350～110	0.1～1	0.1～10	承载舟	—
PECVD	气态前驱体	室温～700	< 2	760 或 0.05～5	加热或射频样品架	射频(100kHz～40MHz)

续表

方法	生长源	生长温度/℃	生长速率/(μm/h)	工作压强/Torr	沉积承载方式	等离子体源
MOCVD	前驱体	500~1100	1~2	1~100	加热样品架	—
ALD	卤化物或金属有机化合物前驱体	<500	<0.3nm/沉积周期	760 或 0.1~10	加热样品架	—

习　题

1. 如何界定化学气相沉积和物理气相沉积？
2. 任何 CVD 所用的反应体系，都必须满足的条件是什么？
3. 等离子体增强 CVD 为什么可以降低制备的温度？

第6章 溶液镀膜

溶液镀膜是指在溶液中利用化学反应或电化学反应等化学方法在基片表面沉积薄膜的一种技术。这是一类不需要真空环境的制膜技术，由于所需设备少，可在各种基片表面成膜，原料容易解决，所以在电子元器件、表面涂覆和装饰等方面得到了广泛的应用。它包括化学镀、溶胶-凝胶法、阳极氧化法、LB法等。

6.1 化学镀

化学镀实质上是在还原剂的作用下，使金属盐中的金属离子还原成原子状态并沉积在基片表面上，从而获得镀层(薄膜)的一种方法，又称为无电源电镀。它与化学沉积同属于不通电而靠化学反应沉积金属的镀膜方法。无电源电镀由于没有电流分布不均的困难，镀层非常均匀，锐边及角等节状镀层情形可以完全消除，而且镀层孔隙较少。

化学镀与化学沉积的区别在于：化学镀的还原反应必须在催化剂的作用下才能进行，沉积反应只发生在镀件(基片)的表面上；化学沉积的还原反应则是在整个溶液中均匀发生的，只有一部分金属镀在镀件上，大部分则成为金属粉末沉淀下来。

确切地说，化学镀的过程是在催化条件下发生在镀层上的氧化还原过程，即在这种镀覆的过程中，溶液中的金属离子被生长着的镀层表面所催化，并且不断还原而沉积在基片表面上。在此过程中，基片材料表面的催化作用相当重要。元素周期表中的Ⅷ族金属元素都具有在化学镀过程中所需要的催化效应。

敏化是使非金属表面形成一层具有还原作用的还原液体膜，这种具有还原作用的处理液就是敏化剂。催化剂指的是敏化剂和活化剂，它可以促使化学镀过程发生在具有催化活性的镀件表面。如果被镀金属本身不能自动催化，则在镀件的活性表面被沉积金属全部覆盖之后，其沉积过程会自动中止；相反，对于Ni、Co、Fe、Cu等金属，其本身对还原反应具有催化作用，可使镀覆持续到镀件被取出。这种依靠被镀金属自身催化作用的化学镀又称为自催化化学镀。自催化化学镀是一种受控的自催化的化学还原过程。

自催化化学镀可在复杂镀件表面形成均匀镀层，镀层的孔隙率较低，可直接在塑料、陶瓷、玻璃等非导体上进行沉积镀膜。镀层具有特殊的物理、化学性能，不需要电源，没有导电电极。

在化学镀中，所用还原剂的电离电位必须比沉积金属的电极电位低，但二者电位差不宜过大。常用的还原剂有次磷酸盐和甲醛，前者用来镀镍，后者用来镀铜，此外还有氢硼化物、肼、氨基硼氢化物等。无论采用什么还原剂，都必须能在自催化的条件下提供金属离子还原时所需要的电子，即

$$M^{+n} + ne^- (来自还原剂) \xrightarrow{催化表面} M^0 \tag{6-1}$$

这种反应只能在具有催化性质的镀件表面上进行，才能得到镀层。而且，如前所述，一旦沉积开始，沉积出来的金属就必须继续执行这种催化功能，沉积过程才能继续进行，镀层才能加厚。所以，从这个意义上讲，化学镀必然是一种受控的、自催化的化学还原过程，目前广泛用于镀制镍、钴、钯、铂、铜、银、金以及上述金属的合金薄膜。

例如，化学镀镍是利用镍盐溶液(硫酸镍或氯化镍)和钴盐(硫酸钴)溶液，在强还原剂次磷酸盐(次磷酸钠、次磷酸钾等)的作用下，使镍离子和钴离子还原成镍金属和钴金属，同时次磷酸盐分解析出磷，在具有催化表面的基片上获得镍磷或镍钴磷合金的沉积膜。关于使用次磷酸盐作为还原剂的化学镀镍的反应机理，多数学者认为，镍的沉积反应是由于基片材料具有催化表面，使次磷酸盐分解释出初生态原子氢，同时先沉积的镍膜是活泼的，具有自催化性质，其反应过程如下：

$$H_2PO_2^- + H_2O \xrightarrow{\text{表面催化}} HPO_3^{2-} + H^+ + 2H$$

$$Ni^{2+} + 2H \longrightarrow Ni + 2H^+$$

$$2H \longrightarrow H_2(g)$$

$$H_2PO_2^- + H \longrightarrow H_2O + OH^- + P$$

由这一理论可推导出，次磷酸氧化和镍离子还原的总反应式为

$$Ni^{2+} + H_2PO_2^- + H_2O \longrightarrow HPO_3^{2-} + 3H^+ + Ni$$

化学镀镍所得到的镍层并非纯镍，而是含有 3%～5%(重量)磷的镀层，具体含量视沉积参数而定，如镀液组分和各组分的浓度、镀液温度以及 PH 等。

化学镀是一种新型的金属表面处理技术，其以工艺简便、节能、环保日益的特点受到人们的关注。化学镀使用范围广、镀金层均匀、装饰性好，在防护性能方面，能提高产品的耐腐蚀性和使用寿命；在功能性方面，能提高加工件的耐磨导电性、润滑性能等特殊功能。化学镀主要用于非导体的电镀，如塑料电镀；精密零件、半导体、印刷电路板、电子零件以及复合、多元合金镀层的制作。

6.2 溶胶-凝胶法

采用适当的金属有机化合物等溶液水解的方法，可获得所需的氧化物薄膜。这种溶液水解镀膜方法的实质是将某些Ⅲ、Ⅵ、Ⅴ族元素合成烃氧基化合物，以及利用一些无机盐类如氯化物、硝酸盐、乙酸盐等作为镀膜物质。将这些镀膜物质溶于某些有机溶剂如乙酸或丙酮中，成为溶胶镀液，采用浸渍和离心甩胶等方法涂覆于基片表面，因发生水解作用而形成胶体膜，然后进行脱水而凝结为固体薄膜，这一方法称为溶胶-凝胶(Sol-Gel)法。膜厚取决于溶液中金属有机化合物的浓度、溶胶镀液的温度和黏度、基片拉出或旋转的速率和角度以及环境温度等。

利用 Sol-Gel 法制备薄膜，具有如下优点：

(1) 工艺设备简单，不需要任何真空条件或其他昂贵的设备，便于应用推广；

(2) 通过各种反应物溶液的混合，很容易获得所需要的均匀的多组分体系，且易于实现定量掺杂，可以有效地控制薄膜的成分及结构；

(3) 薄膜制备所需温度低，从而能在较温和条件下制备出多种功能材料，对于制备那些含有易挥发组分或在高温下易发生分离的多元体系来说非常有利；

(4) 很容易大面积地在各种不同形状(平板状、圆棒状、圆管内壁、球状及纤维状等)、不同材料(如金属、玻璃、陶瓷、高分子材料等)的基片上制备薄膜，甚至可以在粉体材料表面制备一层包覆膜，这是其他的传统工艺难以实现的；

(5) Sol-Gel 技术制备薄膜从纳米单元开始，在纳米尺度上进行反应，最终制备出具有纳米结构特征的材料，因此也是制备纳米结构薄膜材料的特殊工艺；

(6) 用料省，成本较低。

Sol-Gel 法制备薄膜按照溶胶的形成方法或存在状态，可以分为有机途径和无机途径。有机途径是通过有机金属醇盐的水解与缩聚而形成溶胶，因涉及水和有机物，所以通过这种途径制备的薄膜在干燥过程中容易龟裂(由大量溶剂蒸发而产生的残余应力所引起)，客观上限制了制备薄膜的厚度。

无机途径是指将通过某种方法制得的氧化物微粒，稳定地悬浮在某种有机或无机溶剂中而形成溶胶。通过无机途径制膜，有时只需在室温进行干燥即可，因此容易制得 10 层以上而无龟裂的多层氧化物薄膜。

用无机途径制得的薄膜与基片的附着力较差，而且很难找到合适的、能同时溶解多种氧化物的溶剂。

目前采用 Sol-Gel 法制备氧化物薄膜仍以有机途径为主。

Sol-Gel 法制备薄膜的步骤如下。

(1) 复合醇盐的制备。按照所需材料的化学计量比，把各组分的醇盐或其他金属有机物在一种共同的溶剂中进行反应，使各组元反应成为一种复合醇盐或者均匀的混合溶液。

(2) 采用匀胶技术或提拉工艺在基片上成膜。匀胶技术所用的基片通常是硅片，它被放到一个 1000r/min 的转子上，而溶液被滴到转子的中心处，这种膜的厚度可以达到 50~500nm。提拉工艺首先把基片放到装有溶液的容器中，在液体与基片的接触面形成一个弯形液面，把基片从溶液中拉出，基片上形成一个连续的膜。可以得到一个膜厚与拉出速率、膜厚与氧化物含量之间的关系式。用浸渍法获得厚膜，可以通过反复浸渍，但这种膜干燥时易发生脱皮和开裂。

(3) 水解反应与聚合反应。使复合醇盐水解，同时进行聚合反应。为了控制成膜质量，可以在溶液中加入少量水或催化剂。在反应的初级阶段，溶液随反应的进行逐渐成为溶胶，反应进一步进行，溶胶转变为凝胶。

(4) 干燥。刚刚形成的膜中含有大量的有机溶剂和有机基团，称为湿膜。随着溶剂的挥发和反应的进一步进行，湿膜逐渐收缩变干。在干燥过程中，大量有机溶剂的蒸发将引起薄膜的严重收缩，导致龟裂，这是该工艺的一大缺点。但发现当薄膜厚度小于一定值时，薄膜在干燥过程中不会龟裂，这可解释为当薄膜小于一定厚度时，由于基片的黏附作用，在干燥过程中薄膜的横向(平行于基片)收缩完全被限制，而只能发生沿基片平面法线方向的纵向收缩。

(5) 焙烧。通过聚合反应得到的凝胶是晶态的，含有 H_2O、R—OH 剩余物及—OR、—OH 基团。充分干燥的凝胶经热处理，去掉这些剩余物及有机基团，即可得到所需要晶形的薄膜。

采用 Sol-Gel 工艺制备多晶陶瓷薄膜，如果基片的晶体常数与薄膜晶体常数相近，以及在基片和薄膜有相近的热膨胀系数，会得到沿某一晶轴择优取向薄膜，甚至获得外延生长膜。例如，在 MgO〈100〉单晶衬底上生长出沿〈100〉的高取向的 $PbTiO_3$ 薄膜；在 a-Al_2O_3〈0001〉衬底上制备沿 c 轴择优取向的 $LiNbO_3$ 薄膜。这种取向的铁电薄膜在制备光波导、探测、固态存储器等方面具有很大的商业价值。

6.3 阳极氧化法

铝、钽、钛、铌等阀金属或合金，在适当的电解液中作阳极并加上一定直流电压时，由于电化学反应会在阳极金属表面上形成氧化物薄膜，因此这个过程称为阳极氧化，其制膜方法称为阳极氧化法。

阳极氧化过程符合法拉第定律，即将一定的电量严格地定量转化为金属的氧化物。由于在阳极氧化过程中，会有一定数量的氧化物又溶解在电解液中，所以实际形成氧化物的有效质量要比理论值偏低一些。可以认为，阳极氧化过程存在金属氧化物的形成与其金属的溶解两个相反的过程，而成膜则是两过程的综合结果，即氧化膜的形成反应是一种典型的不均匀反应，膜生长时可认为有如下反应过程。

金属 M 的氧化反应：

$$M + nH_2O \longrightarrow MO_n + 2nH^+ + 2ne^- \tag{6-2}$$

金属的溶解反应：

$$M \longrightarrow M^{2n+} + 2ne^- \tag{6-3}$$

氧化物 MO_n 的溶解反应：

$$MO_n + 2nH^+ \longrightarrow M^{2n+} + nH_2 \tag{6-4}$$

利用上述同时存在的反应生成阳极氧化膜。在膜生长初期，同时存在膜生成反应和金属溶解反应。溶解反应产生水合金属离子，生成由氢氧化物或氧化物组成的胶状沉淀氧化物。氧化薄膜覆盖表面后，金属活化溶解停止，持续氧化反应使铝离子和电子穿过绝缘性铝氧化物在膜表面继续形成氧化物。为维持离子的移动而保证氧化物薄膜的生长，需要外加一定的电场。根据测定，此生长电场大约为 7×10^6 V/cm，这相当于生长 $1.0 \sim 1.4$nm 厚的氧化物膜为 1V，满足这种电场条件时，氧化膜的厚度可由式(6-5)求出：

$$d = d_0 + \frac{M}{ZF\rho}\int idt \tag{6-5}$$

式中，M 为氧化物的分子量；ρ 为氧化物密度；F 为法拉第常数，$F \approx 96485$A·s/mol；Z

为离子价数; i 为电流; d_0 为初始氧化物膜厚度。

在恒定电流密度下进行阳极氧化时,膜厚 d 随时间以一定的速率增长,根据氧化物的物质的量 G 和氧化物浓度 D,可以求出氧化物薄膜厚度的增长速率:

$$\frac{\mathrm{d}d}{\mathrm{d}t} = \frac{jG}{FD} \tag{6-6}$$

式中,F 为法拉第常数。因此,当电流密度 j 为 $1 \times 10^{-3}\mathrm{A/cm}^2$ 时,膜的增长速率为 $5.7 \times 10^{-8}\mathrm{cm/s}$。

阳极氧化时离子电流与电场强度的关系不符合欧姆定律,而是大致符合以下经验关系:

$$j = Ae^{BE} \tag{6-7}$$

式中,A、B 为常数,其数值随阀金属种类及不同的阳极氧化条件变化; E 为电场强度; j 为电流密度。

阳极氧化所形成的膜层厚度 d 随形成电压 U_s 增大而增加,实验和理论都证实膜厚 d 与形成电压 U_s 存在如下关系:

$$d = aU_\mathrm{s} \tag{6-8}$$

式中,a 为与金属氧化物有关的常数,单位为 μm/V。

阳极氧化膜的成分和结构与电解液的类型、浓度及工艺参数等因素有关。

6.4 LB 膜的制备方法

1919 年,Irving Langmuir 在进行单分子薄膜研究时,设计并提出了 Langmuir 槽,首次实现了将有机单层脂类分子由水面转移到固体基片的功能。1934 年,Katherine Blodgett 发明了一种可以在空气-水界面上实现垂直提拉、沉积多层膜的仪器。通常,人们把漂浮在亚相表面上的单层膜称为 Langmuir 膜,把通过垂直提拉制备的膜称为 Langmuir-Blodgett 膜,简称 LB 膜。

这种利用分子表面活性在水-气界面上形成凝结膜,并将该膜逐次转移到固体基片上,形成单层或多层类晶薄膜的制膜方法,称为 Langmuir-Blodgett 法,简称 LB 法。

LB 膜是一种由某些有机大分子定向排列组成的单分子层或多分子层薄膜,其制膜原理与其他成膜技术截然不同。在有机物中存在具有表面活性的物质,其分子结构有共同的特点,同时具有亲水性基团和疏水性基团(或称为亲油性基团)。作为分子的整体,如果亲水性强,则分子会溶于水;如果疏水性强,则分子分离成两项。如果以同时具有亲水性基团和疏水性基团的有机分子材料为原料,由于两者平衡即适当保持"两亲媒性平衡"状态,这样的有机分子就会吸附于水-气界面。如果把这种具有表面活性的物质溶于苯、二氯甲烷等挥发性溶剂中,并把该溶液分布于水面上,待溶剂挥发后就会留下垂直站立在水面上的定向单分子膜。这种在水面的单分子一端呈亲水性,另一端呈疏水性,即具有二维特性。

当分子稀疏地分散于水面上时,每一分子面积 S 与表面压力 σ 之间符合二维理想气体的公式:

$$\sigma S = KT \tag{6-9}$$

式中,K 为常数;T 为温度。这种膜称为"气体膜",如果 S 特别小,就会变为固体状态的凝结膜,或称为固体薄膜;处于两者之间的称为二维液体状态。

由于上述分子所具有的两端各有亲水和疏水的性质,它将能与任意具有亲水或疏水性的固体表面相吸。如果将具有疏水性表面的基片垂直而缓慢地插入浮有单分子层的水中,其分子的疏水端就会与基片表面相吸引,使一分子层附着到基片表面,如图 6-1 所示。具有亲水性表面的基片,则在垂直而缓慢地上提时,由于分子亲水端的吸引而有一层分子附着到基片表面。分子的亲水端能与亲水端相吸,疏水端能与疏水端相吸,因此基片每通过一次水面就可覆盖上一层分子层,若为疏水性表面,垂直上下提拉 n 次(一上一下为 1 次),就可在其表面获得 $2n$ 层单分子层;若为亲水性表面,由于第一次向下时

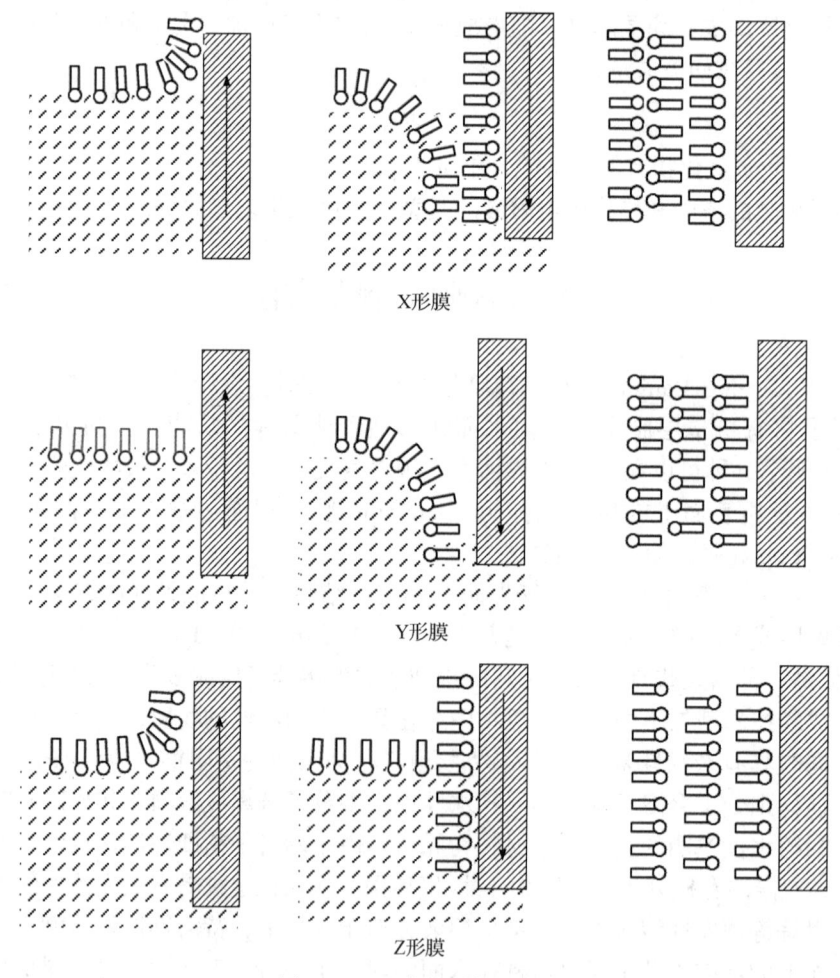

图 6-1 LB 膜的制备示意图

没有附着膜层，故为 $2n-1$ 层。

LB 膜的制备装置比较简单，如图 6-2 所示，主要由一个扩展单分子层的水槽和转移膜层的拉膜装置所组成。制备 LB 膜时，根据需要和调节原料分子的亲水性和疏水性，转移到基片上的 LB 膜，可以是单分子层或多分子层，也可以是同一种分子的多分子层，还可以是由一种分子的 LB 膜组成的多层结构。之前的成膜分子多为直链脂肪酸、直链氨、叶绿素、磷脂质等生物体有关物质，近年来随着材料科学的发展，根据两亲媒性的平衡原则，对成膜分子进行设计与合成，所用分子种类显著增加。

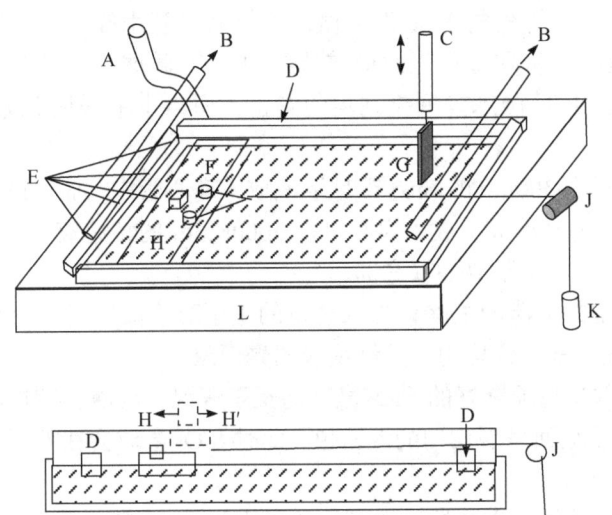

图 6-2 LB 膜的制备装置模式图

A-供水管；B-连接吸收泵；C-基片上下移动臂；D-聚丙烯框架；E-吸附喷管；F-聚丙烯浮子；G-基片；H-磁铁；H′-浮子移动用可动磁铁；J-滑轮；K-重物；L-方形水槽

当采用图 6-2 所示的装置制膜时，重物 K 的质量为 m，可预先按式(6-10)进行调节：

$$m = \frac{\sigma L_f}{g} \tag{6-10}$$

式中，L_f 为浮子的宽度；g 为重力加速率。当表面压力 $\sigma = (20\sim30)\times10^{-3}$N/m 时，适合膜层叠加沉积。

LB 法制备的薄膜有以下特点：①精确控制分子堆积密度；②精确控制涂层厚度；③大面积的均匀单层、多层膜沉积；④可制备不同种类材料薄膜，具有高度的灵活性；⑤在沉积之前可以预先监控涂层质量。

LB 法可用于从电子器件到高温超导的各种实际应用中，如制成大面积的发光器件、整流器和记忆器件及非线性器件所需的平整、致密和均匀的膜；可作用集成光学、超晶格、薄膜晶体管的活性膜和各种 MIS 器件的绝缘膜；正在研究的将 LB 膜用于电子显微镜的复型膜和光刻技术中的光蚀膜等。目前，LB 膜已在 MIS 结构的场效应器件、电致发光、集成光路及生物传感器方面得到良好的试用结果。

LB 技术存在的缺点包括由分子间弱吸引力形成的附着力较小导致膜机械强度较低、对所处理材料两性基团有较高需求、对环境不友好有机溶剂的大量使用等。

浸渍-提拉自组装方法是利用分子之间非共价键的作用力使 SiO_2 微球自发聚集，形成一个稳定的整体结构的过程。具体制备过程如下。首先，将 SiO_2 微球以一定比例分散在正丁醇溶液中，用胶头滴管将其缓慢滴加至去离子水表面。由于正丁醇的密度比水低且不溶于水，包裹了正丁醇的 SiO_2 微球会悬浮在去离子水表面。随着滴加的带有 SiO_2 微球的正丁醇溶液量增多，SiO_2 最终会布满去离子水表面。然后，利用加热台将正丁醇蒸发，就会得到紧密排列的单层 SiO_2 微球。最后，利用提拉镀膜机，将基片垂直放入溶液中再缓慢提拉，将在基片表面形成单层的 SiO_2 微球阵列结构。由于此方法参数易于控制，制备的 SiO_2 微球阵列排列均匀紧密，所以本书采用此方法制备单层 SiO_2 微球阵列：

(1) 取适量直径为 300nm 的 SiO_2 微球溶液放入离心管中，加入适量乙醇配置成浓度为 0.01~0.03mol/L 的悬浮液，放入离心机以 5000r/min 的转速离心 15min，重复两次，以保证大部分 SiO_2 微球沉于离心管底部；

(2) 将离心管中的上清液去除，加入适量的正丁醇溶液，对其反复进行超声处理，直至 SiO_2 微球与正丁醇混合均匀，无结块或团聚现象；

(3) 用滴管抽取少量配置好的 SiO_2 微球与正丁醇混合溶液，缓慢滴加在称量瓶中的去离子水表面，直至液面呈现均匀的淡蓝色，此时 SiO_2 微球会在液面表面紧密排列形成周期性阵列；

(4) 将清洗后的硅衬底夹在提拉镀膜机的基片夹上，设定以 0.2μm/min 的速率将衬底浸入去离子水表面，待大部分基片全部浸入液面后，以 0.02μm/min 的速率将衬底提拉出液面，从而在硅衬底表面形成了一层紧密排列的 SiO_2 微球阵列结构。

习　题

1. 自催化化学镀能制备所有的金属薄膜吗？
2. 在 LB 膜中，为什么疏水性表面要比亲水性表面多制备一层？
3. LB 膜制备方法除了可以进行单层生物分子膜的制备，是否还可以制备球状掩膜？

第 7 章 薄膜的形成机理

薄膜结构和性能的差异与薄膜形成过程中的多种因素密切相关。因此，在讨论薄膜结构和性能之前，需要先研究薄膜的形成问题。虽然薄膜的制备方法有许多种类，薄膜形成的机制各不相同，但是在许多方面，还是具有其共性特点。物理气相沉积是最常见的薄膜制备方法，通过真空蒸发、溅射等物理过程，产生气相原子、分子或离子，然后使气相原子、分子或离子受控地沉积在基片表面。为了理解薄膜的结构和性能，本章以真空蒸发薄膜的形成为例进行重点讨论，溅射薄膜的形成过程与真空蒸发薄膜的形成过程类似，但是溅射原子具有高于蒸发原子的能量，本章也将重点分析这两种气相沉积方法从原子形成、扩散输运到薄膜形成方面的区别。

7.1 凝结的形成

薄膜形成过程一般分为三个阶段：凝结的形成过程、核形成与生长过程、岛形成与结合生长过程。凝结的形成过程是薄膜形成的第一个阶段。凝结是从蒸发源中被蒸发的气相原子、离子或分子入射到基片表面之后，从气相到吸附相，再到凝结相的一个相变过程。

7.1.1 吸附过程

固体表面与体内在晶体结构上的一个重大差异就是原子或分子间的结合化学键中断。原子或分子在固体表面形成的这种中断键称为不饱和键或悬挂键，这种键具有吸引外来原子或分子的能力。入射到基片表面的气相原子被不饱和键或悬挂键吸引住的现象称为吸附。若吸附仅仅是由原子电偶极矩之间的范德华力起作用，则称为物理吸附，物理吸附没有选择性，任何气体在固体表面均可发生物理吸附，并且易于脱附；若吸附是由化学键结合力起作用，则称为化学吸附，化学吸附通常发生在高温下，不易脱附。

固体表面化学键的吸附作用导致表面存在多种杂质和非均匀分布的反应物，这些物质的存在会导致在气相沉积过程中，气相原子或分子难以在固体表面发生吸附，同时还会导致薄膜中产生杂质，影响薄膜的性能。因此，在进行薄膜沉积前，需要对固体表面进行严格的清洗，以去除这些表面的物质。

固体表面的这种特殊状态使它具有一种过量的能量，称为表面自由能。吸附现象使表面自由能减小。伴随吸附现象的发生而释放的一定能量称为吸附能。将吸附在固体表面上的气相原子除掉称为解吸，除掉被吸附气相原子所需要的能量称为解吸能。

具有一定能量的气相原子，从蒸发源扩散到基片表面后可能会发生以下三种现象：

(1) 与基片表面原子进行能量交换而被吸附；

(2) 发生吸附后，气相原子仍有较大的解吸能，在基片表面做短暂停留后再解吸蒸

发(再蒸发或二次蒸发);

(3) 与基片表面不进行能量交换,入射到基片表面立即反射回去。

针对以上三种现象进行如下讨论。

如果入射的蒸气原子动能不是很大,碰撞到基片表面后,在短暂的时间内即失去法线方向的分速率,附着在基片表面成为吸附原子;如果原子通过范德华力吸附在基片表面但可能达不到平衡,即还保留平行于基片表面的动能,且同时又有来自基片的热激发,则吸附原子将在基片表面移动。若吸附原子在基片表面移动,从一个势阱跃迁到另一个势阱的过程中,吸附原子可能与其他吸附原子互相作用,形成稳定的原子团或转变成吸附原子。但当吸附原子不能形成停留时间增加的稳定原子团时,将再蒸发(二次蒸发),即发生解吸;如果入射原子到达基片表面后在法线方向上仍然保留相当大的动能,在基片表面仅做短暂停留(约 10^{-2} s),没有能量交换,将立即反射回去。

用真空蒸发法制备薄膜时,入射到基片表面上的气相原子中的绝大多数都与基片表面原子进行能量交换,形成吸附。吸附过程用能量关系表示时可由图 7-1 说明。

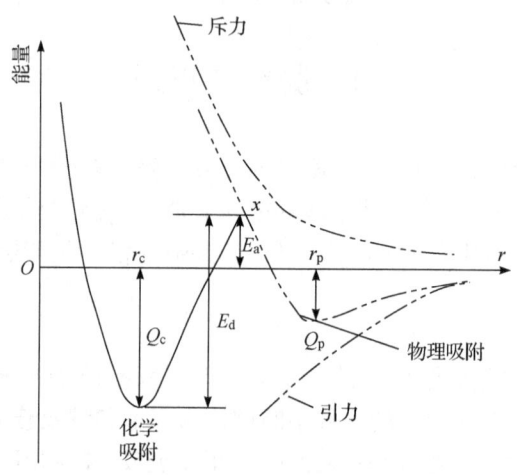

图 7-1 吸附过程能量曲线

当入射到基片表面的气相原子动能较小时,处于物理吸附状态,其吸附能用 $E_d(Q_p)$ 表示(解吸能)。当这种气相原子动能较大,但小于或等于 E_a 时,可产生化学吸附。只有当气相原子所具有的动能达到吸附能 E_d 数值时,才能达到完全化学吸附。E_d 与 E_a 的差值 $E_c(Q_c)$ 称为化学吸附热,E_a 称为激活能。由此可以看出,化学吸附是一种激活过程。因为 Q_c 大于 Q_p,所以只有动能较大的气相原子才能和基片表面产生化学吸附。当气相原子具有的动能大于 E_d 时,它将不被基片表面吸附,通过再蒸发或解吸而转变为气相,因此 E_d 又称为吸附能。

吸附原子在基片表面上的平均停留时间 τ_α 与吸附能 E_d 之间的关系为

$$\tau_\alpha = \tau_0 \exp[E_d/(kT)] \tag{7-1}$$

式中,τ_0 是吸附原子表面振动周期,为 $10^{-14} \sim 10^{-12}$ s;E_d 是给定基片上原子的吸附能;k 是玻尔兹曼常数;T 是原子等效温度,其值通常在蒸发温度和基片温度之间。吸附能与平均停留时间的关系如表 7-1 所示。

表 7-1 吸附能 E_d 与平均停留时间 τ_α 的关系

E_d/(kcal/mol)	τ_α/s	E_d/(kcal/mol)	τ_α/s
2.5	6.6×10⁻¹²	20	3.8×10
5	4.4×10⁻¹⁰	25	1.7×10⁵
10	1.6×10⁻⁶	30	7.3×10⁸
15	8.5×10⁻³	—	—

当 $E_d \gg kT$，具有高吸附能时，τ_α 很大，入射原子能迅速达到平衡温度，停留在基片表面，被局限于某一位置，进行跳跃式徙动；当 $E_d \approx kT$ 时，停留在基片表面的原子不能迅速达到平衡温度，吸附原子仍是"热的"，将沿表面运动。

7.1.2 表面扩散过程

入射到基片表面的气相原子在表面上形成吸附原子后，便失去了在表面法线方向的动能，只具有与表面水平方向平行运动的动能，在表面上做不同方向的表面扩散运动。

在表面扩散过程中，单个吸附原子间相互碰撞形成原子对之后才能产生凝结。吸附原子的表面扩散运动是形成凝结的必要条件。

图 7-2 是吸附原子表面扩散时有关能量的示意图。表面扩散能 E_D 比吸附能 E_d 小得多，是吸附能 E_d 的 1/6～1/2。

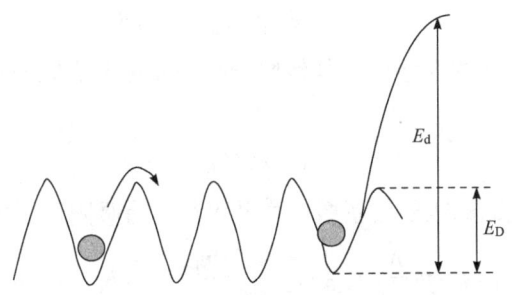

图 7-2 吸附原子表面扩散示意图
E_d-吸附能；E_D-表面扩散能

吸附原子在一个吸附位置上的停留时间称为平均表面扩散时间，并用 τ_D 表示。它和表面扩散能 E_D 之间的关系为

$$\tau_D = \tau_0' \exp[E_D/(kT)] \tag{7-2}$$

式中，τ_0' 是表面原子沿表面水平方向振动的周期，为 $10^{-13}\sim10^{-12}$s，一般认为 $\tau_0' = \tau_0$；k 是玻尔兹曼常数；T 是热力学温度。

吸附原子在表面停留时间内经过扩散运动所移动的距离(从起始点到终点的间隔)称为平均表面扩散距离，并用 $\bar{x}$ 表示，其数学表达式为

$$\bar{x} = (D \cdot \tau_\alpha)^{1/2} \tag{7-3}$$

式中，D 是表面扩散系数。若用 α_0 表示相邻吸附位置的间隔，则表面扩散系数定义为 $D = \alpha_0^2 / \tau_D$。这样，平均表面扩散距离可表示为

$$\bar{x} = \alpha_0 \exp\left[(E_d - E_D)/(kT)\right] \tag{7-4}$$

从式(7-4)可以看出，E_d 和 E_D 值的大小对凝结过程有较大影响。表面扩散能 E_D 越大，扩散越困难，平均扩散距离 $\bar{x}$ 也越短，对凝结越不利。吸附能 E_d 越大，吸附原子在表面上的停留时间 τ_α 越长，则平均扩散距离 $\bar{x}$ 也越长，对形成凝结过程越有利。

7.1.3 凝结过程

凝结过程是指吸附原子在基片表面上形成原子对及其以后的过程。假设单位时间内沉积在单位基片表面上的原子数为 J(个/(cm² · s))，吸附原子在表面上的平均停留时间为 τ_α，则单位基片表面上的吸附原子数 n_1 为

$$n_1 = J \cdot \tau_\alpha = J \cdot \tau_0 \cdot \exp\left[E_d/(kT)\right] \tag{7-5}$$

从式(7-5)可以看出，沉积一旦停止($J=0$)，n_1 立刻就等于零。在这种情况下，即使连续进行沉积，气相原子也不可能在基片表面发生凝结，凝聚成凝结相。若吸附原子在一个吸附位置上的扩散时间为 τ_0，假设 $\tau_0 = \tau_0'$，它在基片表面上的扩散迁移频度 f_D 为

$$f_D = \frac{1}{\tau_D} = \frac{1}{\tau_0'} \exp\left[-E_D/(kT)\right] \tag{7-6}$$

则吸附原子在基片表面停留时间内所迁移的次数 N 为

$$N = f_D \cdot \tau_\alpha = \exp\left[(E_d - E_D)/(kT)\right] \tag{7-7}$$

一个吸附原子在这样的迁移中与其他原子相碰撞可形成原子对。这个吸附原子的捕获面积 S_D 为

$$S_D = N/n_0 \tag{7-8}$$

式中，n_0 是单位基片表面的吸附位置数。由此可得所有吸附原子的总捕获面积为

$$S_\Sigma = n_1 S_D = n_1 \frac{N}{n_0} = f_D \cdot \tau_\alpha \frac{n_1}{n_0} = \frac{n_1}{n_0} \exp\left[(E_d - E_D)/(kT)\right] \tag{7-9}$$

若 $S_\Sigma < 1$，即小于单位面积，在每个吸附原子的捕获面积内只有一个原子，故不能形成原子对，也就不发生凝结。

若 $1 < S_\Sigma < 2$，则发生部分凝结。在这种情况下，平均而言，吸附原子在其捕获范围内有一个或两个吸附原子。在这些原子捕获面积内会形成原子对或三原子团。其中，一部分吸附原子在度过停留时间后又可能重新蒸发掉。

若 $S_\Sigma > 2$，平均而言，在每个原子捕获面积内，至少有两个吸附原子。因此，所有的吸附原子都可结合为原子对或更大的原子团，从而达到完全凝结，由吸附相转变为凝结相。

在研究凝结过程中，通常使用的物理参数有入射原子密度、基片临界温度、凝结系数、黏附系数和热适应系数。

入射原子密度与基片临界温度关系有如下关系：

$$n_c = 4.7 \times 10^{22} \exp\left(\frac{2840}{T_c}\right) \quad (7\text{-}10)$$

式中，n_c 是临界入射原子密度(个/(cm² · s))；T_c 是基片临界温度(K)。若 T_c 一定，入射原子密度小于 n_c，不能成膜；若 n_c 一定，基片温度高于 T_c，也不能成膜，即当基片温度较高时，入射原子密度较大。

当蒸发的气相原子入射到基片表面上，除了被弹性反射和吸附后再蒸发的原子之外，完全被基片表面所凝结的气相原子数与入射到基片表面上的总气相原子数之比称为凝结系数，并用 α_c 表示。

当基片表面上已经存在凝结原子时，再凝结的气相原子数与入射到基片表面上的总气相原子数之比称为黏附系数，并用 α_s 表示：

$$\alpha_s = \frac{1}{J} \cdot \frac{dn}{dt} \quad (7\text{-}11)$$

式中，J 是入射到基片表面气相原子总数；n 是在 t 时间内基片表面上存在的原子数。在 n 趋近于零时，$\alpha_c = \alpha_s$。

表征入射气相原子(或分子)与基片表面碰撞时相互交换能量程度的物理量称为热适应系数，并用 α 表示：

$$\alpha = \frac{T_i - T_\tau}{T_i - T_s} = \frac{E_i - E_\tau}{E_i - E_s} \quad (7\text{-}12)$$

式中，T_i、T_τ 和 T_s 分别表示入射气相原子、再蒸发原子和基片的等效温度；E_i、E_τ 和 E_s 分别表示入射气相原子、再蒸发原子和基片的能量。

若和基片能量交换充分达到热平衡，即 $T_\tau = T_s$，则 $\alpha = 1$，表示完全适应；若 $T_i < T_\tau < T_s$，则 $0 < \alpha < 1$，表示不完全适应，有可能再蒸发；若 $T_i = T_\tau$，则入射气相原子与基片完全没有热交换，气相原子全反射回来，$\alpha = 0$，表示完全不适应。

从实验研究中可得到有关凝结系数 α_c 与基片温度及膜厚的关系，如表 7-2 所示。

表 7-2　气相原子的凝结系数与基片温度及膜厚的关系

凝结物	基片	基片温度/℃	膜厚/Å	凝结系数 α_c
Cd	Cu	25	0.8	0.037
			4.9	0.26
			6.0	0.24
			42.2	0.26
Au	玻璃、Cu、Al	25	刚能观察出膜厚	0.90~0.99
	Cu	350		0.84
	玻璃	360		0.50
	Al	320		0.72
	Al	345		0.37

续表

凝结物	基片	基片温度/℃	膜厚/Å	凝结系数 α_c
Ag	Ag	20	刚能观察出膜厚	1.0
	Au	20		0.99
	Pu	20		0.86
	Ni	20		0.64
	玻璃	20		0.31

7.2 核形成与生长

薄膜的形成与生长有三种形式。

1) 岛状生长形式(Volmer-Weber 形式)

该类型是基片表面上吸附的气相原子凝结后，在表面上扩散迁移形成晶核，核生长、合并进而形成薄膜，如图 7-3 所示。

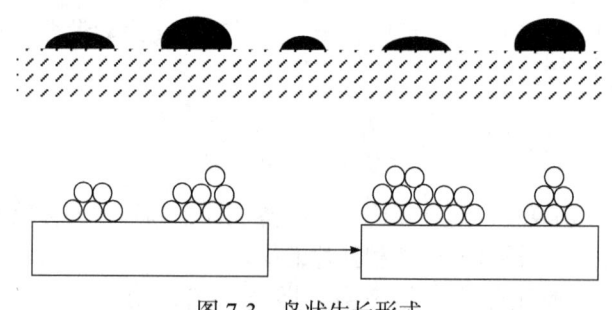

图 7-3 岛状生长形式

2) 单层生长形式(Frank-Vander Merwe 形式)

该类型是沉积原子在基片表面均匀覆盖，以单原子层的形式逐次形成薄膜，在 PbSe/PbS、Au/Pd、Fe/Cu 等系统中可见到，如图 7-4 所示。

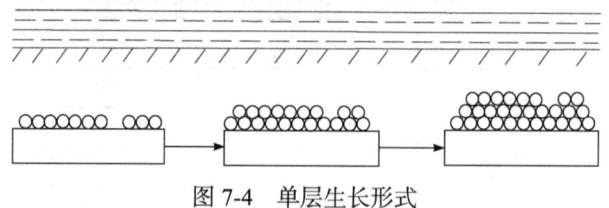

图 7-4 单层生长形式

3) 层岛结合形式(Stranski-Krastanov 形式)

该类型是在最初 1~2 层的单原子层沉积后，再以成核、核生长的方式形成薄膜，一般在洁净的金属表面上沉积金属时易发生，Cd/W、Cd/Ge 等系统属于这种形式，如图 7-5 所示。

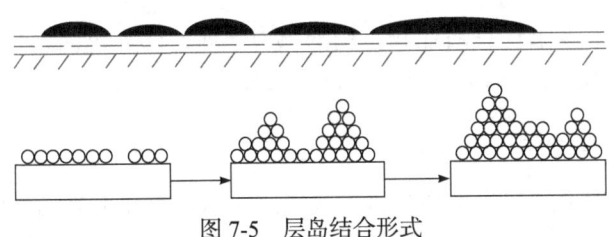

图 7-5 层岛结合形式

大多数薄膜的形成与生长都属于第一种形式,即在基片表面上吸附的气相原子凝结之后,因吸附原子在其表面上扩散迁移而形成晶核,核再结合其他吸附气相原子逐渐生长,形成小岛,岛再结合其他气相原子便形成薄膜。可以说,薄膜的形成是由成核开始的。

7.2.1 核形成与生长的物理过程

核形成与生长的物理过程示意图如图 7-6 所示,从图中可以看出,核的形成与生长有四个步骤。

(1) 从蒸发源蒸发出的气相原子入射到基片表面,其中有一部分因能量较大而被弹性反射回去,另一部分则吸附在基片表面上。在吸附的气相原子中,有一小部分因能量稍大而再蒸发出去。

(2) 吸附气相原子在基片表面上扩散迁移,互相碰撞结合成原子对或小原子团并凝结在基片表面上。

(3) 这种原子团和其他吸附原子碰撞结合,或者释放一个单原子。这个过程反复进行,一旦原子团中的原子数超过某一个临界值,原子团将进一步与其他吸附原子碰撞结合,只向着生长方向发展形成稳定的原子团。

(4) 含有临界值原子数的原子团称为临界核,稳定的原子团称为稳定核。稳定核再捕获其他吸附原子,或者与入射气相原子相结合,从而进一步生长成为小岛。

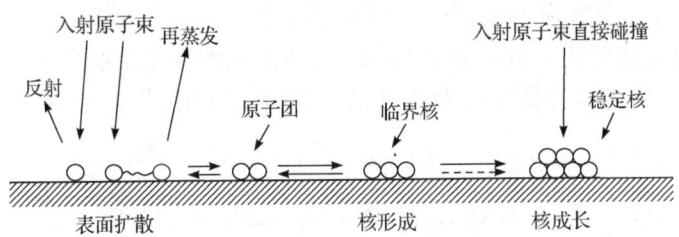

图 7-6 核形成与生长的物理过程

核形成过程若在均匀相中进行,则称为均匀成核;若在非均匀相或不同相中进行,则称为非均匀成核。在固体或杂质的界面上发生核形成时,都属于非均匀成核。在用真空蒸发法制备薄膜过程中,核的形成与水滴在固体表面的凝结过程相类似,都属于非均匀成核。

7.2.2 核形成理论

核形成理论研究的主要内容包括核形成的条件和核生长速率,即求出与核生长速率有关的数学表达式。本书仅针对比较常用的热力学界面能理论(毛细管现象理论)和原子聚集理论(统计理论)这两种核形成理论，进行简要介绍。

1. 热力学界面能理论

热力学界面能理论的基本思想是将一般气体在固体表面上凝结成微液滴的核形成理论应用到薄膜形成过程中的核形成研究。采用蒸气压、界面能和湿润角等宏观物理量，从热力学角度处理核形成问题。

1) 热力学基本概念

热力学理论认为，所有的相转变都会使物质体系的自由能下降。相变过程中，体积自由能下降，新相和旧相间界面自由能上升。体系的总自由能变化由两者之和来决定。图7-7表示某一体系中固液相转变时体积自由能的变化。

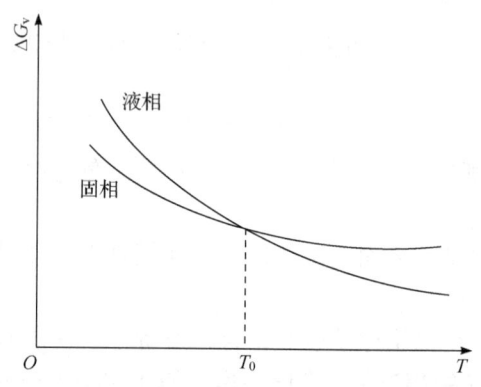

图7-7 固液相转变时体积自由能的变化

T_0是固液两相体积自由能相等时的温度，称为结晶温度。温度$T < T_0$时，固相自由能较低，固相是稳定的，液相朝自由能较低的固相转变。温度$T > T_0$时，液相自由能较低，液相是稳定的，固相朝自由能较低的液相转变。

若体系总自由能变化为ΔG、固相体积为V、固液相界面面积为S、固相单位体积自由能变化为ΔG_v、界面单位面积自由能为σ，则体系总自由能变化ΔG可表示为

$$\Delta G = \Delta G_V(\downarrow) + \Delta G_S(\uparrow) = V \cdot \Delta G_v + S \cdot \sigma \tag{7-13}$$

式(7-13)就是热力学界面能理论研究核形成问题的基本公式。

2) 临界核尺寸

假定在基片上形成的核是球帽形，如图7-8所示。核的曲率半径为r，核与基片表面的湿润角为θ，核单位体积自由能为ΔG_v，核与气相界面的单位面积自由能为σ_0，核与基片表面界面单位面积自由能为σ_1，基片表面与气相界面单位面积自由能为σ_2。

球帽形核体系总自由能变化：$\Delta G = \Delta G_V(\downarrow) + \Delta G_S(\uparrow)$，核与气相界面(核表面)面积为$2\pi r^2(1-\cos\theta)$，核与基片表面界面面积为$\pi r^2 \sin^2\theta$，因此核表面和界面的总自由能变化$\Delta G_S$为

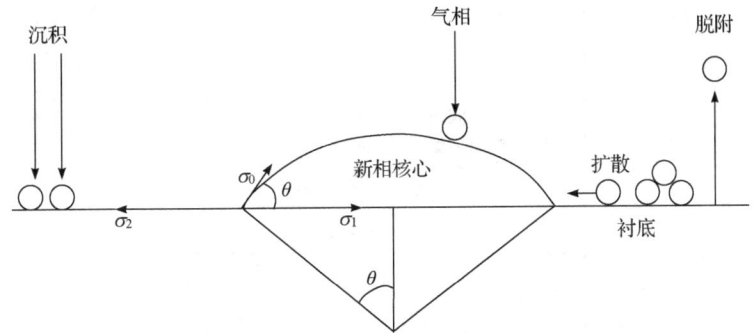

图 7-8 基片表面形成的球帽形核

$$\Delta G_S = 2\pi r^2(1-\cos\theta)\sigma_0 + \pi r^2\sin^2\theta(\sigma_1-\sigma_2) \quad (7-14)$$

在热平衡状态下，有

$$\sigma_0\cos\theta + \sigma_1 - \sigma_2 = 0$$

即

$$\sigma_2 = \sigma_1 + \sigma_0\cos\theta \quad (7-15)$$

将式(7-15)代入式(7-14)可求出：

$$\Delta G_S = 4\pi r^2 \sigma_0 f(\theta) \quad (7-16)$$

式中，$f(\theta)$ 称为几何形状因子：

$$f(\theta) = \frac{2-3\cos\theta + \cos^3\theta}{4} \quad (7-17)$$

球帽形核的体积自由能变化 ΔG_V 为

$$\Delta G_V = 4\pi f(\theta) \cdot \frac{1}{3} r^3 \Delta G_v \quad (7-18)$$

球冠体积为

$$V_{球冠} = \pi h^2(3r-h)/3$$

式(7-16)和式(7-18)相加，便可求出体系的总自由能变化为

$$\Delta G = 4\pi f(\theta)\left(r^2\sigma_0 + \frac{1}{3}r^3\Delta G_v\right) \quad (7-19)$$

将 ΔG 与 r 的函数关系描绘成曲线，如图 7-9 所示。

将式(7-19)对核曲率半径 r 求导数，并令其等于零，可求出临界核半径 r' 为

$$r' = \frac{-2\sigma_0}{\Delta G_v} \quad (\Delta G_v < 0) \quad (7-20)$$

将 $r = r'$ 代入式(7-19)，求出体系的总自由能变化临界值为

$$\Delta G^* = \frac{16\pi\sigma_0^3 f(\theta)}{3(\Delta G_v)^2} \quad (7-21)$$

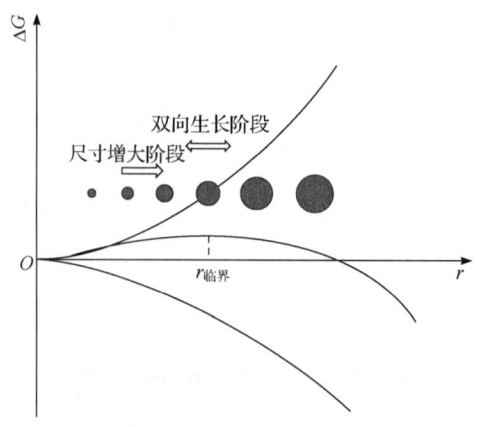

图 7-9 总自由能变化 ΔG 与核半径 r 的关系曲线

当聚集体的半径 r 小于临界核半径 r' 时，它将被解体而不能生长形成稳定核。当半径 r 大于 r' 时，聚集体可生长形成稳定核。当半径 r 等于 r' 时，为临界核状态，总自由能变化最大，最不稳定。

从式(7-20)可看出，临界核半径 r' 与湿润角 θ 无关。这是因为湿润角 θ 对表面界面能 σ 的影响和对单位体积自由能 ΔG_v 的影响相同。但是，ΔG^* 与 θ 角有关，当 $\theta = 0°$ 时，$f(\theta) = 0$，$\Delta G^* = 0$，$\Delta G_S = 0$，这是完全湿润的情况。当 $\theta = \pi$ 时，$f(\theta) = 1$，$\Delta G_S = 4\pi r^2 \sigma_0$，$\Delta G^*$ 数值最大，这是完全不湿润的情况，原子团为球形。它表明为了形成稳定核需克服的势垒最高。

在从过饱和气相中凝结出一个球形的固相核心的过程中，新相核心的半径为 r，体积自由能将变化 $\frac{4}{3}\pi r^3 \Delta G_v$，$\Delta G_v$ 是单位体积的固相在凝结过程中的相变自由能之差，若 ΔG_v 表示在真空蒸发时生成过饱和气相所需的能量，则 ΔG_v 可表示为

$$\Delta G_v = -\frac{kT}{\Omega} \ln \frac{P}{P_e} \tag{7-22}$$

式中，k 是玻耳兹曼常数；T 是热力学温度；Ω 是气相原子体积；P 是过饱和蒸气压(实际蒸气压)；P_e 是平衡状态下蒸气压；P/P_e 为过饱和度。

将式(7-22)代入式(7-20)可得

$$r' = \frac{-2\sigma_0}{\Delta G_v} = \frac{-2\sigma_0 \Omega}{kT \ln(P/P_e)} \tag{7-23}$$

由式(7-23)可看出，过饱和度 P/P_e 较大时，临界核半径 r' 较小；过饱和度较小时，临界核半径 r' 较大。这是因为入射到基片表面上的蒸发气相原子总数 J 与过饱和蒸气压 P 有关：

$$J = \frac{P}{(2\pi mkT)^{1/2}} \tag{7-24}$$

式中，m 是气相原子质量。

3) 成核速率

成核速率是指形成稳定核的速率或临界核生长的速率，即单位时间内在单位基片表面上形成稳定核的数量。各种凝结的小原子团、聚集体及临界核等都处在结合与分解的动平衡中。根据外界条件的不同，结合与分解各占不同的优势。在适当的沉积条件下，达到动平衡之后，单位基片表面上临界核的数量就保持不变。

临界核生长的途径可有两个：一是入射的蒸发气相原子直接与临界核碰撞结合；二是吸附原子在基片表面上扩散迁移碰撞结合。若基片表面上临界核的数量较少，临界核生长则主要依赖于吸附原子的表面扩散迁移碰撞结合。成核速率与单位面积内临界核数量 n_i^*、每个临界核的捕获范围 A 和所有吸附原子向临界核运动的总速率 V 有关。

首先，研究临界核密度，即单位面积内临界核数量 n_i^*，假定在基片表面上有相同吸附能的吸附位置是均匀分布的。各种尺寸的聚集体都处在吸附着单个原子的准平衡状态。临界核中含有的原子数：

$$i^* = \frac{4}{3}\pi \cdot r'^3 \cdot \frac{f(\theta)}{\Omega} \tag{7-25}$$

根据玻耳兹曼方程，可求出临界核密度：

$$n_i^* = n_1 \exp\left[-\Delta G^*/(kT)\right] \tag{7-26}$$

式中，n_1 是吸附单个原子密度，即单位面积上吸附单个原子数。在开始形成核时，$n_1 = J\tau_\alpha$，J 是入射到基片表面上的蒸发气相原子总数，τ_α 是吸附原子在表面上的平均停留时间。

临界核的捕获范围为

$$A = 2\pi r' \sin\theta \tag{7-27}$$

吸附原子在基片表面上扩散迁移速率为

$$v = \frac{\alpha_0}{\tau_D} = \frac{\alpha_0}{\tau_0} \exp[-E_D/(kT)] \tag{7-28}$$

式中，α_0 是吸附点之间的距离。由此可得，所有吸附原子向临界核运动的总速率 V 为

$$\begin{aligned}
V &= n_1 v = n_1 \frac{\alpha_0}{\tau_0} \exp\left(-\frac{E_D}{kT}\right) \\
&= J\tau_\alpha \frac{\alpha_0}{\tau_0} \exp\left(-\frac{E_D}{kT}\right) \\
&= J\tau_0 \exp[E_d/(kT)] \cdot \frac{\alpha_0}{\tau_0} \exp\left(-\frac{E_D}{kT}\right) \\
&= J\alpha_0 \exp\left[(E_d - E_D)/(kT)\right]
\end{aligned} \tag{7-29}$$

式(7-26)、式(7-27)和式(7-29)相乘就可得到成核速率 I：

$$I = Zn_i^* AV = Zn_1(2\pi r' \sin\theta) J\alpha_0 \exp\left(\frac{E_d - E_D - \Delta G^*}{kT}\right) \tag{7-30}$$

式中，Z 是 Zeldovich 修正因子，数值约为 10^{-2}，它是非平衡因子。在成核时，偏离平衡态，临界核发生分解。

由于热力学界面能理论将宏观物理量引用到微观成核理论，因此会造成求出的理论核和临界核半径与实际情况有较大的差异。

2. 原子聚集理论

在热力学界面能理论中，对核形成有两个假设：一是原子团大小发生变化时，假设其形状不变；二是假设原子团表面能和体积自由能为块状材料的相应数值。对于块状材料，如金属冶炼，其核尺寸都较大，由 100 个以上的原子组成，可以采用热力学界面能理论。在沉积薄膜时，临界核尺寸较小，一般只含有几个原子，用热力学界面能理论研究薄膜形成过程中的成核就不再适宜，应采用原子聚集理论。

原子聚集理论研究核形成时，将核看作一个大分子聚集体，用聚集体原子间的结合能或聚集体原子与基片表面原子间的结合能代替热力学自由能。在原子聚集理论中，临界核和最小稳定核的形状与结合能的关系如图 7-10 所示，从图中的结合能数值可看出，它不是连续变化，而是以原子对结合能为最小单位的不连续变化。

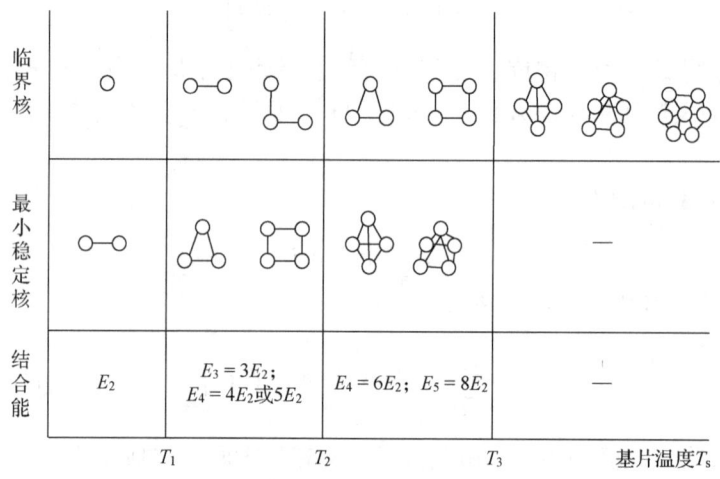

图 7-10　临界核与最小稳定核的形状与结合能的关系

1) 临界核

当临界核尺寸较小时，结合能 E_i 将呈现不连续性变化，几何形状不能保持恒定不变，无法求出临界核大小的数学解析式，但可以分析它含有一定原子数目时所有可能的形状，然后用试差法确定哪种原子团是临界核。

(1) 在较低的基片温度下，临界核是吸附在基片表面上的单个原子。每一个吸附原子一旦与其他吸附原子相结合，都可形成稳定的原子对形状稳定核。由于临界核原子在周围的任何地方都可与另一个原子相碰撞结合，所以稳定核原子对将不具有单一的定向性。

(2) 在温度大于 T_1 之后，临界核是原子对，因为这时每个原子若只受到单键的约束是不稳定的，必须具有双键才能形成稳定核。在这种情况下，最小稳定核是三原子的原子团。这时，稳定核将以(111)面平行于基片。

另一种可能的稳定核是四原子的方形结构，但出现这种结构的概率较小。

(3) 当温度升高到大于 T_2 以后，临界核是三原子团或四原子团，因为这时双键已不能使原子稳定在核中。要形成稳定核，它的每个原子至少要有三个键，这样其稳定核是四原子团或五原子团。

(4) 当温度再进一步升高达到 T_3 以后，临界核显然是四原子团或五原子团，有的可能是七原子团。

上述情况均反映在图 7-10 中，图中的温度 T_1、T_2 和 T_3 称为转变温度或临界温度。在热力学界面能成核理论中，描述核形成条件采用临界核半径的概念，由此可看到两种理论在描述临界核方面的差异。

2) 成核速率

成核速率等于临界核密度乘以每个核的捕获范围，再乘以吸附原子向临界核运动的总速率。

对于临界核密度 n_i^* 的计算如下，假设基片表面上有 n_0 个可以形成聚集体的位置，在任何一个位置上都吸附着几个单原子($n_0 > n$)。这几个原子分别被几个单原子形成的聚集体吸附，被 n_2 个双原子组成的聚集体吸附，被 n_3 个三原子组成的聚集体吸附，$\cdots$，被 n_i 个 i 原子组成的聚集体吸附，因此有

$$\sum (n_i \cdot i) = n \tag{7-31}$$

对于 n_i 来说，若在 n_0 任意吸附位置上有 n_i 个和 $n_0 - n_i$ 个聚集体，则 n_i 的衰减量如下：

$$n_0 C_{n_i} = \frac{n_0!}{n_i!(n_0 - n_i)} \tag{7-32}$$

如果 $n_0 \gg n_i \gg 1$，那么式(7-32)近似等于 $n_0^{n_i}/n_i!$。如果 $n_0 \gg \sum n_i$，那么式(7-32)对所有的 i 都成立。

当为单原子吸附时，结合能为 E_1，i 个原子组成聚集体时结合能为 E_i，则处于这种聚集体的状态数为

$$\frac{n_0^{n_i}}{n_i!} \cdot \exp\left(\frac{n_i E_i}{kT}\right) \tag{7-33}$$

全部聚集体的状态数为

$$W = \prod_i \left(\frac{n_0^{n_i}}{n_i!}\right) \cdot \exp\left(\frac{n_i E_i}{kT}\right) \tag{7-34}$$

假设 W 达到最大值的 n_0 就是实际状态，薄膜总系统中的原子数为 n，可得到如下结果：

$$\sum i \cdot n_i = n \tag{7-35}$$

所以计算临界核密度 n_i^* 就是求在式(7-35)的条件下 W 或 $\ln W$ 的最大值。为此,假设 C 为某一未知常数,并令

$$\ln W + n \cdot \ln C = L \tag{7-36}$$

这样就变成求 L 的最大值。如果将 W 和 n 值代入式(7-36)中,再求微分,就可得到:

$$\frac{\partial L}{\partial n_i} = \ln n_0 + \frac{E_i}{kT} - \ln n_i + i \ln C \tag{7-37}$$

令 $\partial L/\partial n_i = 0$,可得

$$n_i = \left[n_0 \cdot \exp\left(\frac{E_i}{kT}\right) \right] \cdot C^i \tag{7-38}$$

假设 $i = 1$,可得

$$C = \frac{n_1}{n_0} \exp\left(\frac{-E_i}{kT}\right) \tag{7-39}$$

将式(7-39)代入式(7-38)中,可得

$$n_i = n_0 \left(\frac{n_1}{n_0}\right)^i \cdot \exp\left(\frac{E_i - iE_1}{kT}\right) \tag{7-40}$$

因为 E_1 是单原子吸附状态下的势能,若将它作为能量基准(零点),那么临界核密度 n_i^* 可表示为

$$n_i^* = n_0 \left(\frac{n_1}{n_0}\right)^i \cdot \exp\left(\frac{E_i}{kT}\right) \tag{7-41}$$

它与热力学界面能理论得到的临界核密度公式(7-26)相对应。

吸附原子向临界核运动的总速率仍可采用式(7-29),临界核捕获范围为 A,则成核速率为

$$\begin{aligned}
I &= n_i^* \cdot A \cdot V \\
&= n_0 \left(\frac{n_1}{n_0}\right)^i \exp\left(\frac{E_i}{kT}\right) \cdot J \cdot \alpha_0 \exp\left(\frac{E_d - E_D}{kT}\right) \cdot A \\
&= A \cdot J \cdot n_0 \cdot \alpha_0 \left(\frac{\tau_\alpha J}{n_0}\right)^i \exp\left(\frac{E_i + E_d - E_D}{kT}\right) \\
&= A \cdot J \cdot n_0 \cdot \alpha_0 \left(\frac{\tau_0 J}{n_0}\right)^i \exp\left[\frac{E_i + (i+1)E_d - E_D}{kT}\right]
\end{aligned} \tag{7-42}$$

它与热力学界面能理论成核速率公式(7-30)相对应。式(7-42)中没有非平衡修正因子 Z 是因为过饱和度比较小,可以忽略非平衡因素的影响。

从上面的讨论中可以看出,两种理论所依据的基本概念是相同的,所得到的成核速

率公式的形式也基本相同，不同之处是两者使用的能量不同，以及所用的模型不同。热力学界面能理论适用于描述大尺寸临界核。因此，对于凝聚自由能较小的材料或者在过饱和度较小的情况下进行沉积，这种理论是比较适合的。对于小尺寸临界核，则原子聚集理论比较适宜。这两种理论的异同如表 7-3 所示。

表 7-3　热力学界面能理论和原子聚集理论对比

参数	热力学界面能理论	原子聚集理论
模型	微滴模型——简单理想化的几何构形	原子组合的模型——分立原子的组合
能量描述	自由能变化 ΔG	结合能 E_i
能量变化	连续变化	不连续变化
临界核尺寸	连续变化	不连续变化
适用范围	描述大临界核	描述很小的临界核

利用透射电子显微镜和扫描电子显微镜可以对核形成与生长过程进行观察和分析，用上述方法研究核形成速率、饱和核密度、核生长速率、小聚集体表面迁移、核尺寸分布和空间分布等，取得的实验结果都证实了理论研究的正确性。

7.3　薄膜形成过程与生长形式

薄膜的形成过程是指形成稳定核之后的过程。薄膜的生长形式是形成的宏观形式。在 7.2 节研究核形成与生长问题时，图 7-3～图 7-5 已列出了薄膜生长的三种形式，即岛状生长的 Volmer-Weber 形式、单层生长的 Frank-Vander Merwe 形式和层岛结合的 Stranski-Krastanov 形式。

本节以岛状生长形式为主，进行薄膜形成过程与生长形式的讨论。在稳定核形成以后，岛状薄膜的形成过程如图 7-11 所示，从图中看出，岛状薄膜的形成过程可分为四个主要阶段：岛状阶段、联并阶段、沟道阶段、连续膜阶段。

1. 岛状阶段

在透射电子显微镜观察过的薄膜形成过程照片中，能观测到最小核的尺寸为 20～30Å。在核进一步生长成岛的过程中，平行于基片表面方向的生长速率大于垂直方向的生长速率。这是因为核的生长主要由基片表面上吸附原子的扩散迁移碰撞结合所驱动，而不是由入射蒸发气相原子碰撞结合所决定的。这些不断捕获吸附原子生长的核，逐渐从球帽形、圆形变成多面体小岛。

对于岛的形成，可采用热力学宏观物理量，如表面自由能，也可用微观物理量，如结合能来判别。

在用热力学界面能研究核形成时，曾获得如下公式：

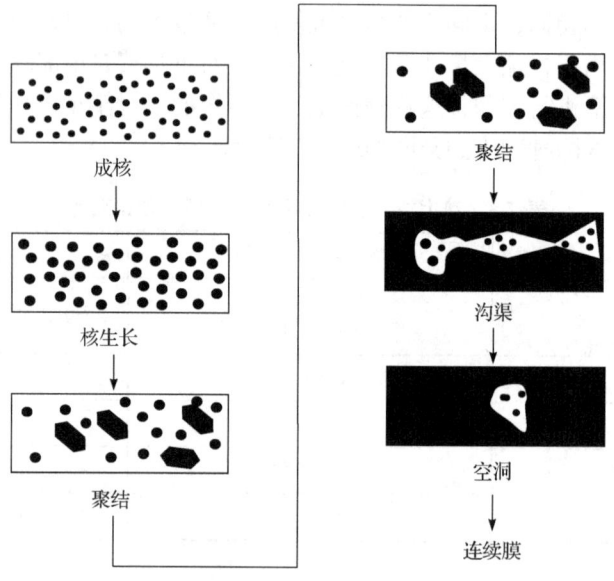

图 7-11　岛状薄膜的形成过程

$$\sigma_0 \cdot \cos\theta + \sigma_1 - \sigma_2 = 0 \tag{7-43}$$

重新改写为

$$\cos\theta = \frac{\sigma_2 - \sigma_1}{\sigma_0}$$

因为 θ 满足 $0 < \theta < \pi/2$，即 $0 < \cos\theta < 1$，所以得到利用宏观物理量预测三维岛生长的条件为

$$\sigma_2 - \sigma_1 < \sigma_0 \tag{7-44}$$

在基片和薄膜不能形成合金的情况下，因为 $\sigma_1 > 0$，如果 $\sigma_2 < \sigma_0$，那么上述关系一定会被满足。如果已知薄膜和基片不能形成化合物，即使 σ_1 的大小不确定，也可以预想它按照三维岛的方式生长。所以，式(7-44)就是利用宏观物理量预测三维岛生长的条件。

当用微观物理量来判别三维岛生长时，薄膜和基片之间的晶格常数有差异。在薄膜和基片之间界面上引起晶格失配的能量 E_s 可忽略不计时，吸附原子在基片表面上的吸附能 E_d 用式(7-45)表示：

$$E_d = (\sigma_2 + \sigma_0 - \sigma_1) \cdot S + E_s \cdot S \tag{7-45}$$

式中，S 是原子的投影面积。

吸附原子之间的结合能 E_b 与核的表面自由能 σ_0 之间有如下关系：

$$E_b = \frac{2\sigma_0 S}{Z_c} \tag{7-46}$$

式中，Z_c 是核表面上空键(即悬挂键)的数目。将式(7-45)和式(7-46)代入式(7-44)中，可得

$$E_d < Z_c \cdot E_b + E_S \cdot S$$

由于 E_S 较小，可忽略不计，即可得到用微观物理量判别岛生长的条件为

$$E_d < Z_c \cdot E_b \tag{7-47}$$

式(7-47)说明，当核与吸附原子间的结合能大于吸附原子与基片的吸附能时，就可形成三维的小岛。

2. 联并阶段

随着岛不断生长，岛间距离逐渐减小，最后相邻小岛互相联结，合并为一个大岛，这就是岛的联并。联并过程中岛的变化如图 7-12 所示。

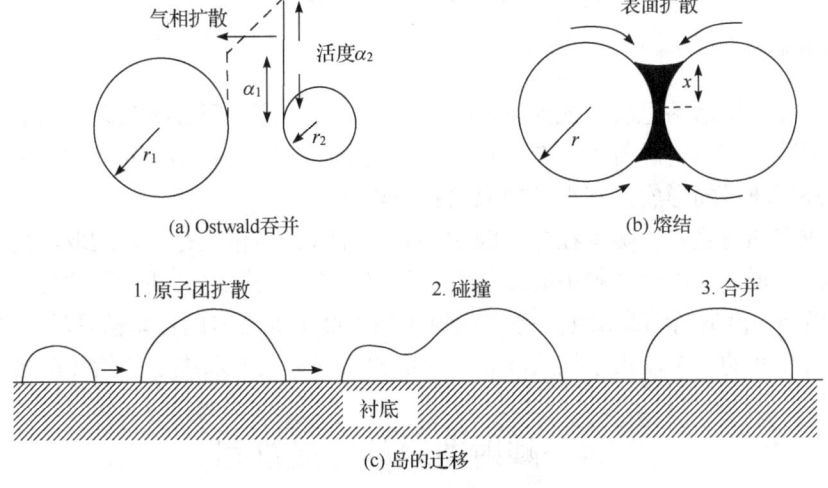

图 7-12 联并过程中岛的变化

小岛联并变大后，基片表面上占据面积减小，表面能降低，基片表面上空出的地方可再次成核。岛的联并与固相熔结相类似。假设两个小岛的半径均为 r，结合部的曲率半径为 r'，小岛接触后经历时间为 t，它们之间的关系可表示为

$$\frac{r'^n}{r^m} = \frac{56 \cdot \sigma \cdot V^{4/3}}{kT} \cdot D \cdot n \cdot t \tag{7-48}$$

式中，V 为原子体积；n 为吸附原子在岛上的表面密度；D 为吸附原子扩散系数；σ 为表面自由能；n 和 m 为常数；k 为玻尔兹曼常数；T 为热力学温度。基片温度为 200℃时，在一般进行实验的时间内，接触部分的增大可忽略不计，即不发生联并作用。这表明基片温度对岛的联并起着重要作用。

虽然小岛联并的初始阶段很快，但在联并后一段相当长的时间内，新岛会继续改变形状。所以，在联并时和联并后，新岛面积不断变化。在最初阶段，由于联并，基片表面上的覆盖面积减小，然后逐渐增大。

在联并初始阶段，为了降低表面自由能，新岛的面积减小而高度增大。小岛将有一个最低能量的形状，它是具有一定高度与半径比的沟形。

3. 沟道阶段

在岛联并之后，新岛进一步生长过程中，它的形状变为圆形的倾向减小，只是在新岛进一步联并的地方才继续发生较大的变形。岛的分布达到临界状态时，互相聚结形成一种网状结构，在这种结构中不规则地分布着宽度为 50~200Å 的沟渠。

随着沉积的继续进行，在沟渠中会发生二次或三次成核。核生长到沟渠边缘接触时就联并到网状结构的薄膜上。与此同时，在某些地方，沟渠被联并成桥形并以类似液体的形式很快被填充。薄膜由沟渠状变为有小孔洞的连续状结构，在小孔洞处再发生二次或三次成核。有些核直接与薄膜联并在一起，有些核生长后形成二次小岛，这些小岛再联并到薄膜上。核或岛的联并都有类似液体的特点。这种特性能使沟渠和孔洞很快消失，消除高表面曲率区域，使薄膜的总表面自由能达到最小。

4. 连续膜阶段

在沟渠和孔洞消除之后，入射到基片表面上的气相原子便直接吸附在薄膜上，通过联并作用形成不同结构的薄膜。有些薄膜在岛的联并阶段，其小岛的取向就发生显著变化。对于外延薄膜的形成，其小岛的取向相当重要。

在形成多晶薄膜时，除了在外延膜中小岛联并时必须相互有一定的取向外，还会出现一些再结晶现象，以致薄膜中的晶粒大于初始核之间的距离。即使基片处在室温条件下，也有相当程度的再结晶发生。每个晶粒包括 100 个或更多的初始核区域。由此看出，薄膜中晶粒尺寸的大小取决于核或岛联并时的再结晶，而不取决于初始核的密度。

7.4 溅射薄膜的形成过程

7.4.1 阴极溅射法制备薄膜与真空蒸发法制备薄膜的不同

用阴极溅射法制备薄膜时，薄膜的形成特征与真空蒸发法制备薄膜时有很大的不同。

阴极溅射中，沉积到基片表面的粒子能量远高于蒸发产生的粒子能量，因此其在基片表面上的特性明显不同于能量较低的低能粒子：

(1) 保留着原先具有的绝大部分能量，因此它们在蒸发原子实际上无法移动的温度下，仍能在基片表面做扩散运动；

(2) 那些能量高的溅射原子会在撞击点位上产生缺陷，因而这些点位的结合能比基片的邻近区域高，从而成为优先成核的点位，使成核密度增加。

一般溅射中，入射到基片表面的粒子种类较多，包括以下几种：

(1) 从阴极靶上溅射出来的原子、分子、负离子、电子；

(2) 惰性气体原子、分子或离子；

(3) 真空室内及惰性气体中的杂质气体；

(4) 等离子体中的电子。

因此，入射到基片上的粒子携带电荷的影响不仅增加了成核密度，而且这种电荷增大岛间扩散,加速结合。

7.4.2 实验现象观察

图 7-13 所示为用蒸发方法(E)和阴极溅射方法(S)在云母上制备 Ag 膜,岛密度 n 随膜厚 t 变化的测量结果。曲线意义:所有曲线表明随 t 增加时,n 减小。

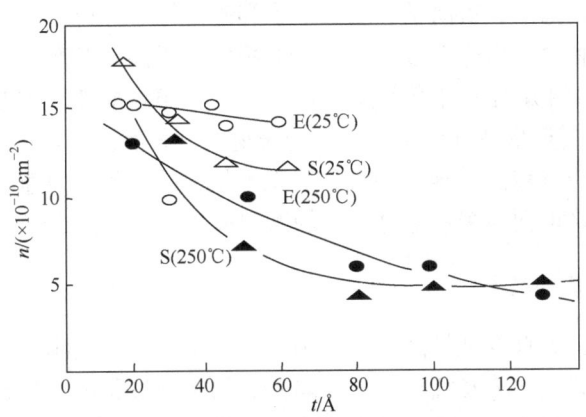

图 7-13　岛密度随云母上银膜厚度的变化
E-蒸发方法;S-阴极溅射方法

这些薄膜由以下方法制备。

(1) 25℃时,溅射成核密度高是因为受到点缺陷和电荷的影响,但由于其粒子能量大(即使在 25℃时)、迁移率高,所以岛密度下降很快;而蒸发时的岛密度由于表面粒子迁移率低,岛密度值几乎保持不变。

(2) 250℃时,溅射粒子岛密度很快趋于恒定值,说明其薄膜在厚度很小时就已连续,蒸发膜要更厚一些才连续。

(3) 开始时,溅射膜的岛密度较大,但下降得快。温度对岛密度的影响是,温度增加时岛密度变小,聚集快。

7.4.3 溅射薄膜的形成过程概述

1. 沉积粒子的产生过程

真空蒸发是一种热过程,即材料由固相变为液相再变为气相的过程,或者从固相升华为气相的过程。通过这种热过程产生的沉积粒子(原子)都具有低的热运动能量。在一般的蒸发温度下,其能量为 0.1~0.2eV。

溅射过程是以动量传递的离子轰击为基础的动力学过程。具有高能量的入射离子与靶原子产生碰撞,通过能量传递,使靶原子获得一定动能之后脱离靶材表面飞溅出来。因此,从靶材中溅射出来的粒子都有较高的动能,比从蒸发源蒸发出来的气相原子动能高 1~2 个数量级。

对于点状或小平面蒸发源,蒸发气相原子飞向基片表面时是按余弦定律定向分布的。对于阴极溅射,在入射的 Ar^+ 能量较大,靶由多晶材料组成时,可将溅射看作点状源,溅射出来的原子飞向基片表面才符合余弦分布规律，或者是以靶材表面法线为轴的对称分布。对于单晶靶材，因不同晶面上原子排列密度和表面结合能不同，故溅射强度也不同。这种现象称为择优溅射效应。

从蒸发源蒸发出的气相原子几乎都是不带电荷的中性粒子，或者有很少的带电粒子(由热电子发射造成)。但溅射过程则不同，除了从靶材中溅射出中性原子或原子团之外，还可溅射出靶材的正离子、负离子、二次电子和光子等多种粒子。

在蒸发合金材料时，由于合金中各组分的蒸气压不同，会产生分馏现象。但在溅射合金材料时，尽管各组分的溅射速率有所不同(各种金属溅射速率的差异远小于它们蒸气压的差异)，在溅射初期形成的合金膜成分与靶材组分稍有差别。但由于靶材温度不高，经过短暂时间后，靶材表面易溅射的组分呈现不足，从而使溅射速率低的组分在薄膜中逐渐增多起来，最终得到与靶材组分一致的溅射薄膜。

2. 沉积粒子的迁移过程

在真空蒸发时，其真空度较高，一般为 $10^{-2}\sim10^{-4}$Pa，气体分子平均自由程比蒸发源到基片之间的距离大。蒸发气相原子在向基片的飞行过程中，其原子之间或与残余气体分子间的碰撞机会很少。它们将基本保持离开蒸发源时所具有的能量、能量分布和直线飞行轨迹。

在阴极溅射时，由于充入工作气体氩气，真空度较低，为 $10^{0}\sim10^{-2}$Pa，气体分子平均自由程小于靶与基片之间的距离。溅射原子从靶材表面飞向基片时，本身之间互相碰撞和 Ar 原子及其他残余气体分子相互碰撞，不但使溅射粒子的初始能量减少，而且改变溅射粒子脱离靶材表面时所具有的方向。到达基片表面的溅射粒子可来自基片正前方整个半球面空间的所有方向。因此，溅射方法比蒸发方法较容易制备厚度均匀的薄膜。

3. 成膜过程

从蒸发源或溅射靶中溅射出来的沉积粒子到达基片表面之后，经过吸附、凝结、表面扩散迁移、碰撞结合形成稳定晶核，然后通过吸附使晶核生长成小岛，岛变大后互相联结聚结，最后形成连续状薄膜。在这样的成膜过程中，蒸发法和溅射法的主要区别如下。

对于真空蒸发法，其入射到基片上的气相原子对基片表面没有影响，成核条件不发生变化。在蒸发过程中，基片和薄膜表面受残余气体分子或原子的轰击频率较小，大约为 10^{13} 次/(cm² · s)。所以，杂质气体掺入到薄膜中的可能性较小。另外，蒸发的气相原子与残余气体很少发生化学反应。基片和薄膜的温度变化也不显著。

溅射方法则大不相同，入射到基片表面的离子和高能中性粒子对基片表面影响较大，可使基片表面变得粗糙、发生离子注入、表面小岛暂时带电以及和残余气体分子发生化学反应等，所以成核条件就有变化，成核中心形成过程加快，成核密度显著提高。工作气体分子、残余气体分子、原子和离子等对基片表面的轰击频率为 10^{17} 次/(cm² · s)，这比蒸发过程大得多。因此，杂质气体或外部材料掺入薄膜的机会较多，在薄膜中容易发生活化或离化等化学反应。另外，由于入射的溅射粒子有较大的动能，基片和薄膜的温度变化也比较显著。

表 7-4 所示为真空蒸镀和溅射镀膜的区别，可以清楚地对这两类薄膜制备方法进行比较分析。

表 7-4 真空蒸镀和溅射镀膜的区别

项目		类型			
		真空蒸镀		溅射镀膜	
		电阻加热	电子束	直流溅射	射频溅射
被镀膜的物质	低熔点金属	能	能	能	能
	高熔点金属	不能	能	不能	能
	高温氧化物	不能	能	不能	能
粒子能量	蒸发原子	0.1~1eV		1~10eV	
	离子	—		—	
沉积速率/(μm/min)		0.1~3	1~75	0.01~0.5	
镀层外观		光泽	光泽-半光泽	半光泽-无光泽	
镀层密度		低(低温时)		高	
镀层针孔、气孔		较多(低温时)		少	
膜与基片的界面层		若不进行热扩散处理，界面清晰		很清晰	
附着性		较差		较好	
膜的纯度		取决于蒸镀材料的纯度		取决于靶材纯度	
基片镀膜情况		仅面对蒸发源的基片表面被镀膜		仅面对靶材的基片表面被镀膜	
镀膜前基片的表面处理		真空中加热脱气或辉光放电清洁表面		溅射清洗、刻蚀	
常用压强/Torr		10^{-5}~10^{-6}		1.5×10^{-1}~2×10^{-2}	

习 题

1. 在薄膜制备前，对基片进行清洗的原因是什么？
2. 入射粒子能量是否可以决定其在表面吸附的类型？
3. 热力学界面能理论的不足之处是什么？
4. 薄膜的生长形式有哪些？
5. 溅射镀膜和真空蒸发镀膜在气相原子产生阶段的主要区别是什么？
6. 在较低的基片温度下，溅射膜能形成单晶而蒸发膜不能的原因是什么？
7. 真空蒸发与溅射两种方法制备薄膜结构的差别是否是由于粒子撞击能量不同呢？

第8章 薄膜结构、缺陷与表征

在薄膜的制备过程中,通过调节制备工艺条件可以改变原子、分子或离子在基片表面的扩散碰撞结合过程,进而获得多种成分和结构的薄膜材料。在碰撞结合的过程中,会形成各种不同的结构,也不可避免地会形成多种缺陷。结构与缺陷对薄膜的性能具有重要影响,建立薄膜结构、缺陷与性能之间的对应关系和影响规律,并据此调节制备工艺条件,对性能进行优化,是薄膜中研究的重要内容。因此,有必要对薄膜结构与缺陷的种类和形成过程进行表征与分析,这一内容一直是该领域的热点。

8.1 薄膜的结构

薄膜结构因研究对象不同可分为三种类型:组织结构、晶体结构和表面结构。

8.1.1 薄膜的组织结构

薄膜的组织结构是指它的结晶形态,主要取决于其生长过程,包括新相的形核和薄膜的生长。薄膜的组织结构主要分为单晶结构、多晶结构、纤维结构和无定形结构四种类型。

1. 单晶结构

单晶结构是指形成薄膜的原子、分子或离子在薄膜内呈有规律、周期性的排列,或者说构成薄膜的晶体在三维方向上由同一空间格子组成,整个晶体中质点在空间的排列为长程有序。单晶材料具有各向异性的特点,即在不同方向上表现出不同的物理性质。

单晶薄膜多由外延生长技术进行制备,如真空蒸发中的分子束外延法、化学气相沉积中的有机金属化学气相沉积法等。外延生长技术是半导体器件和集成电路制作中常用的一种工艺技术,是指在一块半导体单晶片上,沿着单晶片的结晶轴方向生长一层所需要的薄单晶层。从结晶学角度研究薄膜的外延生长,就是研究薄膜生长过程中一种有方向性的生长。

利用外延工艺生长单晶薄膜,必须满足以下基本条件:

(1) 吸附原子在基片表面必须有较高的表面扩散速率,因此沉积速率和基片温度是实现外延生长的重要因素;

(2) 基片为单晶结构,与薄膜材料的结晶相溶性高。假设基片的晶格常数(晶胞的边长)为 a,薄膜的晶格常数为 b,则晶格失配数 $m=(b-a)/a$,m 值越小,其外延生长就越容易实现;

(3) 基片表面洁净、光滑，化学稳定性要好，而且沉积粒子在入射到基片表面时，不能破坏基片的单晶结构。

2. 多晶结构

多晶薄膜不同于单晶薄膜在整体结构上的有序性，它是由若干尺寸大小不等的晶粒组成的，晶粒内部是有序的周期性结构，而晶粒之间则不同。在薄膜形成过程中生成的小岛就具有晶体的特征(原子有规则的排列)，由众多小岛聚结形成的薄膜就是多晶薄膜。多晶薄膜中晶粒尺寸一般为 10~100nm，也称为微晶薄膜。真空蒸发与溅射法制备的薄膜多属于这种结构。

多晶薄膜中不同晶粒间的交界面称为晶粒间界或者晶界，晶界中的原子排列状态是由一种晶粒内原子排列状态向另一种晶粒排列状态的过渡结构，由于结晶时，晶粒拥挤，所以晶粒间形成的犬牙交错的晶界是一种面型的不完整结构。多晶薄膜是由大量的形状、大小、晶格方位均不相同的晶粒所组成的，其性能通常呈各向同性。

晶界具有不同于晶粒内部的特征。晶界中晶格畸变较大，因此晶界中原子平均能量高于晶粒内部的原子平均能量，它们的差值称为晶界能；高晶界能表明具有自发向低能态转化的趋势，晶粒的生长和晶界平直化都能减小晶界面积，从而降低晶界能，所以只要原子有足够的动能，在其迁移时就会出现晶粒生长和晶粒平直化的结果。由于晶界中原子排列不规则，其中有较多的空位，当晶粒中有微量杂质时，因要填入晶界中的空位，使系统的自由能增加，要比其进入晶粒内部的自由能低，所以微量杂质原子常常富集在晶界处，杂质原子沿晶界扩散比穿过晶粒要容易得多。

多晶材料是由数个小晶体组成的，在这些晶体中，每个晶体都具有自己的晶体结构。因此，要理解多晶材料的性质，需要对每个晶体的晶体结构进行分析。

3. 纤维结构

纤维薄膜是晶粒具有择优取向的薄膜，根据取向方向、数量的不同分为单重纤维结构和双重纤维结构。单重纤维薄膜是指各晶粒只在一个方向上有择优取向，有时称为一维取向薄膜；双重纤维薄膜则在两个方向上有择优取向，有时称为二维取向薄膜。一维取向薄膜可能具有二维同性、一维异性的特点，二维取向薄膜在结构上类似于单晶，具有类似于单晶的性质。在非晶态基片上，多数多晶薄膜都倾向于显示出择优取向。

薄膜中晶粒的择优取向可发生在薄膜生长的各个阶段：初始成核阶段、小岛聚结阶段和最后成膜阶段。若吸附原子在基片表面上有较高的扩散速率，晶粒的择优取向可发生在薄膜形成的初期阶段。在起始层中，原子排列取决于基片表面、基片温度、晶体结构、原子半径和薄膜材料的熔点。如果吸附原子的表面扩散速率低，那么初始膜层不会产生择优取向。当膜层较厚时，则形成强烈的面对蒸发源方向的取向。晶粒向蒸发源的倾斜程度依赖于基片温度、气体原子入射角度和沉积速率。

4. 无定形结构

从原子排列情况来看，无定形结构是一种近程有序结构，即 2~3 个原子距离内的原子排列是有序的,若大于这个距离,其排列是杂乱无规则的。这种结构不同于前面提到的单晶结构、多晶结构和纤维结构,其显示不出任何晶体的性质。无定形材料具有高度无序的原子排布,在一定的条件下可以转变为晶体材料。

无定形薄膜在环境温度下是稳定的。它具有不规则的网络结构(玻璃态),或具有随机密堆积的结构,前者主要出现在氧化物薄膜、元素半导体薄膜和硫化物薄膜之中,后者主要出现在合金薄膜中。可以认为,不规则的网络结构是由两种互相贯通的随机密堆积结构组成的。这些随机结构的特征是缺乏连续的长程有序性。在 X 射线衍射谱图中,呈现出很宽的漫散射峰,在电子衍射图中显示出很宽的弥散性光环。

形成无定形薄膜的工艺条件:降低吸附原子的表面扩散速率(通过降低基片温度、引入反应气体和掺杂方法实现),使原子扩散速率降低到凝结在本身入射点及入射点附近。

无定形结构具有一些独特的特性:首先,宏观上表现为均匀性,这是由于原子无序分布遵循统计规律;其次,物理性质对各个方向都是一致的,称为各向同性;再者,它们不具备形成多面体外形的能力,因为不能自发地结晶;另外,无定形固体没有固定的熔点,这是由于其具有无周期性结构;最后,由于其非周期性,无法产生 X 射线的衍射效应。

无定形材料具有独特的随机排列原子,具有各向同性、缺陷分布、结构柔性等独特性质。无定形电极材料在能量存储和转化等领域受到广泛关注,特别是无定形材料在锂离子电池、Li-金属电池、超级电容器等领域起到影响电化学能量存储机理的作用。

单晶结构、多晶结构、纤维结构以及无定形结构的薄膜的主要区别在于结晶结构的形式,通过 X 射线衍射图谱可以进行区分。

单晶的晶体结构是连续的,在宏观尺度范围内,单晶不包含晶界,由一个晶核生长而成,其特点是内部各处的晶体学取向都是一致的,但其外形既可以是规则的多面体,也可以是不规则的任意形状。

多晶结构是由多颗大小及方向各异的同种或异种晶粒所构成的晶体结构,而这些晶粒一般都由大量微小的单晶或微晶(微结晶、结晶粒、结晶子)通过晶界而结合在一起,晶粒的晶体学取向是随机的,存在晶粒边界。多晶薄膜的性能往往与其所组成的晶粒的成分、结构、异种晶粒的数量及相对分布、尺寸等具有密切关系。

无定形体是内部原子不按照一定空间顺序排列的固体。常见的无定形体包括玻璃和很多高分子化合物,如聚苯乙烯等。只要冷却速率足够快,任何液体都会过冷,生成无定形体。

8.1.2 薄膜的晶体结构

薄膜的晶体结构是指薄膜中各晶粒的晶型状况。晶体的主要特征是其中原子有规则的排列。由于晶体结构具有对称性,可以用三维空间中的三个矢量 a、b、c 以及对应的夹角 α、β、γ 来描述。其中,a、b、c 是晶格在三维空间中的基本平移量,称为晶格常数。

在大多数情况下,薄膜中晶粒的晶格结构与块状晶体是相同的(7 个晶系、14 种布拉维格子),只是晶粒取向和晶粒尺寸与块状晶体不同。除了晶体类型之外,薄膜中晶粒的晶格常数也常常和块状晶体不同。产生这种现象的原因有两个：一是薄膜材料本身的晶格常数与基片材料晶格常数不匹配；二是薄膜中有较大的内应力和表面张力。

由于晶格常数不匹配，在薄膜与基片的界面处晶粒的晶格发生畸变，形成一种新晶格，以便和基片相匹配。通常用晶格常数失配数表示薄膜与基片的失配程度，其计算公式如下：

$$m = (b-a)/a$$

若晶体薄膜与基片之间的结合能较大，则晶格常数相差的百分比存在以下3种情况：

当 $m \approx 2\%$ 时，晶格畸变层厚度为几埃；

当 $m \approx 4\%$ 时，晶格畸变层厚度可达几百埃；

当 $m > 12\%$ 时，晶格畸变到完全不匹配的程度。

薄膜表面张力使薄膜晶格常数发生变化，可以用下面的理论计算进行表示。假设基片表面上有一个半球形晶粒，其半径为 r，单位面积的表面自由能为 σ，由于表面张力作用，对这个晶粒产生的压力为

$$P = 2\pi r \cdot \sigma / (\pi r^2) = 2\sigma / r \tag{8-1}$$

根据虎克定律，有

$$\frac{\Delta V}{V} = 3\frac{\Delta \alpha}{\alpha} = \frac{-1}{E_v} \cdot P \tag{8-2}$$

由此可得到晶格常数的变化比为

$$\frac{\Delta \alpha}{\alpha} = \frac{-2\sigma}{3 \cdot E_v \cdot r} \tag{8-3}$$

式中，E_v 是薄膜的弹性系数；α 是晶格常数。

从式(8-3)可以看出，晶格常数的变化比与晶粒半径成反比，即晶粒越小，晶格常数变化比越大，它清楚地表明薄膜中晶粒的晶格常数不同于块状材料中晶粒的晶格常数。

8.1.3 薄膜的表面结构

1. 表面形态

从热力学界面能理论分析，理想的薄膜表面应具有最小表面积，才能使其总能量达到最低值，但实际上这种薄膜是不可能得到的。通常的实际情况是薄膜的表面具有一定的粗糙度，厚度在各处不均匀。若薄膜的平均厚度为 d，遵循无规则变量的泊松分布，由此可得到膜厚的平均偏离值 $\Delta d = \sqrt{d}$，薄膜的表面积随着其厚度的算术平方根值的增大而增大。但入射原子沉积到基片表面上之后，释放出能量就吸附在基片表面上，然后依靠横向扩散能量在表面上进行扩散，占据表面上的一些空位，使薄膜表面上的谷被填平，峰被削平，导致薄膜表面积不断缩小，表面能逐步降低。由于吸附原子在表面上扩散，因此还能使一些低能晶面(低指数晶面)得到发展。

在基片温度较高时，表面原子扩散作用增强，生长最快的晶面能消耗生长较慢的晶

面，导致薄膜的表面粗糙度进一步增大。在基片温度较低的情况下，吸附原子在表面上横向扩散运动的能量较小，所得表面积较大，薄膜表面积随膜层厚度呈线性增大，它表明薄膜是多孔结构，这种微孔内表面积很大，而且可延续到最底层，这种情况与微观结构中所说的柱状结构是一致的。如果沉积薄膜时的真空度较低，由于残余气体气压过高，入射的气相原子和残余气体分子相碰撞，那么它先在气相中凝结成烟尘，然后到达基片表面沉积形成薄膜。毫无疑问，这种薄膜也是多孔性的，在基片温度较低的情况下，也容易出现这种多孔结构。

因此，在薄膜的表面通常会出现以下的表面形态：

(1) 不连续膜(岛状、颗粒)，一般厚度较小，为50Å以下；

(2) 多孔网状膜；

(3) 连续状膜。

目前，这种不连续的膜和多孔网状膜也称为薄膜，通过调控生长的时间便可以得到，这种形态的薄膜在气敏传感器、光学调控器件中具有很好的应用前景。

在薄膜的制备过程中，沉积原子并不是全部垂直入射到基片表面，而是通常会存在一定的入射角度(入射方向与法线方向的夹角)，这种入射形式不可避免地存在阴影效应，如图8-1所示。阴影效应是指由于晶粒生长倾向于入射方向，高起的晶粒遮住了相邻的晶粒，继续入射的原子达不到晶粒的另一侧，导致薄膜表面凹凸不平，内部出现大的缺陷。

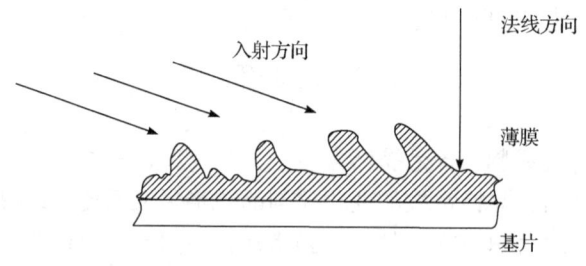

图 8-1 阴影效应示意图

2. 内部结构

薄膜表面结构与构成薄膜整体的内部结构相关，因此应研究薄膜内部结构。大多数蒸发薄膜具有如下特点：

(1) 呈现柱状颗粒和空位组合结构；

(2) 柱状体几乎垂直于基片表面生长，上下两端尺寸基本相同；

(3) 平行于基片表面的层与层之间有明显的界面，上层柱状体与下层柱状体并不完全连续生长。

具有上述特点的薄膜微型结构可以用结构区域模型进行分析研究。

(1) 结构区域模型(以蒸发镀膜为主)。

所有真空蒸发薄膜都呈现柱状结构。决定金属膜和介质膜微观结构的重要参数是基片温度T_s和蒸镀材料熔点温度T_m的比值T_s/T_m。当$T_s/T_m < 0.45$时，薄膜呈现柱状结构。

图 8-2 是结构区域模型原理图。其中，区域 1 为柱体和空隙：一般都在此区域基片温度下沉积，柱状体截面直径为几百埃，柱状体之间有明显界面；区域 2 为致密的柱体；区域 3 为多晶状态；区域 4 表示过高的基片温度导致薄膜生长成为玻璃态。

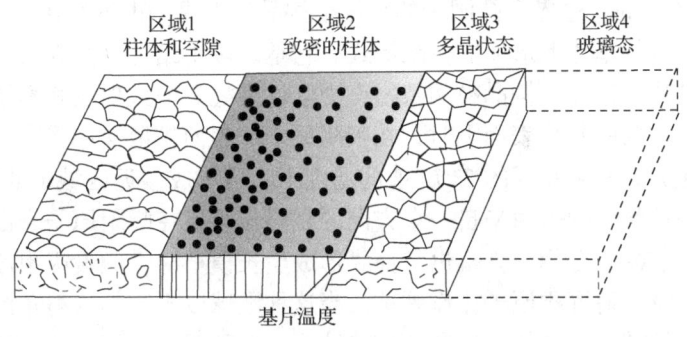

图 8-2 结构区域模型原理图

对上述模型进一步修正是指在这个模型中增加由纤维结构晶粒形成的区域 T，还可表明溅射气体压力的坐标。这个模型可推广到有离子轰击的阴极建设和离子镀膜等薄膜研究中。

(2) 修正后的结构区域模型。

修正后的结构区域模型同时考虑了 T_s/T_m 和工作气体压力因素，如图 8-3 所示。区域 1 是基片温度低，吸附原子表面扩散不足以克服阴影效应时，薄膜形成生长的区域。在阴极溅射时，若工作气体压力较高，也会促进区域 1 的生长。随着 T_s/T_m 值的增加，柱状体截面直径增大，使正在生长的表面高处比低谷处能接收更多的入射气相原子，阴影效应促使晶粒间界变得稀疏，当入射气相原子倾斜入射时，这种现象更为明显。区域 1 的形成还和下列因素有关：膜层表面粗糙度、初始生长的晶核形状、不均匀机体上的择优

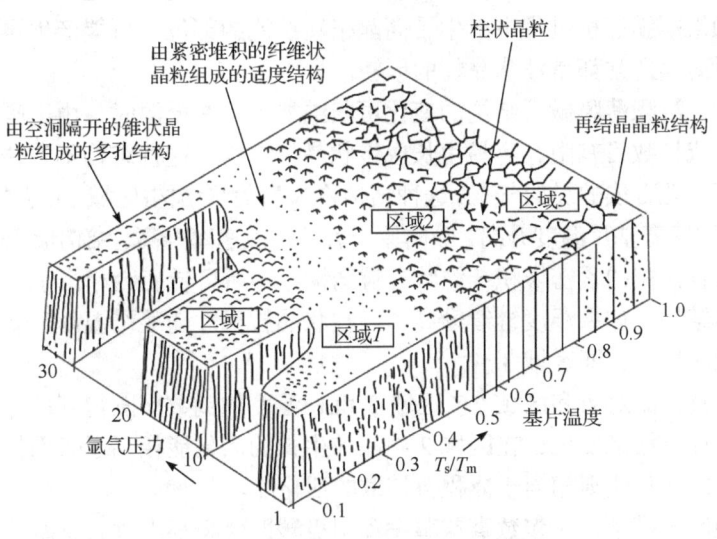

图 8-3 修正后的结构区域模型原理图

成核、基片表面粗糙度和薄膜择优取向生长等。阴极溅射时，若转动基片，可增加入射离子流中的倾斜入射成分而促进区域 1 的形成生长。这种柱状区域可在非静态薄膜中出现，也可在结晶薄膜中出现，它的内部结构不分明，位错密度较高。

区域 T 由致密的、边界上孔洞少的纤维结构晶粒组成，也可看作区域 1 在 T_s/T_m 值为零时在非常光滑的基片上形成的极限形式。它是区域 1 结构中晶粒尺寸小到难以分辨时呈现的纤维结构，这种结构晶粒间致密，力学性能好。当入射气相离子流垂直入射，沉积在较光滑、均匀的基片表面上时，在吸附原子的表面扩散速率大到足以克服由基片和初始成核引起的表面粗糙度的 T_s/T_m 值的温度下，可形成接近区域 1 的结构。

溅射薄膜的柱状结构是由来自一个方向的溅射粒子流在吸附原子表面扩散速率很低的情况下凝聚形成的，在用计算机进行薄膜形成生长模拟时，假设吸附原子在基片表面扩散速率为零，将入射沉积原子比作硬球，当这种硬球以不同的入射角沉积到光滑基片表面上时，可得到带有孔洞的、松散的链状结构。这种现象可用球的"自遮挡效应"予以说明。在入射角增大时，类似于基片表面很粗糙，则生成较大的孔洞。在垂直入射时，吸附原子若略有迁移，膜层则变得非常致密。

区域 2 是在基片温度较大或者沉积吸附原子在基片表面上扩散速率较大的情况下形成的无孔洞区。区域 2 定义为生长过程是由吸附原子的表面扩散所支配的 T_s/T_m 范围。它由晶粒间界特别致密的柱状晶粒所组成。位错主要存在于晶粒间界区域。随着 T_s/T_m 值的增大，晶粒尺寸也不断增大，当 T_s/T_m 值较高时，晶粒尺寸可以超过膜层厚度，导致膜层表面呈现凹凸不平。

区域 3 定义为体内扩散对膜层的最终结构起主要影响的 T_s/T_m 范围。由纯金属膜形成的等轴区域 3 的 T_s/T_m 值大约为 0.5。出现再结晶时的 T_s/T_m 值由所存储的转换能决定。块状材料的再结晶，大约在 T_s/T_m 大于 0.33 时出现。然而，在同时用离子轰击的冷基片上，沉积的铜膜在室温下就可观察到再结晶现象，薄膜在高温产生再结晶，使其结构无须等轴化。如果薄膜沉积过程中产生了高晶格转换能的部位，可能产生再结晶，使晶粒等轴化。溅射薄膜通常都是柱状晶粒的形貌。

综上所述，沉积薄膜微观结构的变化可归纳如下。在低温时，由于吸附原子表面扩散速率降低，成核数目有限，容易生长成锥状晶粒结构。这种结构不致密，在锥状晶粒之间有直径可达几百埃的纵向气孔，这种结构称为葡萄状结构(区域 1)，它的位错密度高，残余应力也高。随着基片温度升高，吸附原子表面扩散速率升高，结构形貌转移到区域 T，形成晶粒间界较模糊的紧密堆积纤维状晶粒结构，然后可转变为相当于区域 2 的完全致密的柱状晶体结构。如果温度继续升高，因柱状晶粒尺寸随凝结温度升高而增大，其结构将变成等轴晶形貌，即区域 3。

利用晶粒直径的对数和区域 2、区域 3 沉积温度的倒数作图得到的直线关系可计算出活化能，从计算结果发现，在区域 2 中晶粒生长的活化能相当于表面扩散活化能。产生区域 3 晶粒的活化能则相当于体积自扩散的活化能。

根据结构区域模型，大多数真空蒸发和阴极溅射薄膜都由垂直于基片表面的柱状晶粒所构成。描述这种微观结构的物理参数有柱状体半径、内表面、聚集密度等。

8.2 薄膜的缺陷

在薄膜生长和形成过程中，各种缺陷都会进入到薄膜中，对薄膜性能以及器件的可靠性、性能及效率都有重要影响。这些缺陷的出现与薄膜制造工艺密切相关，因此对缺陷的研究非常重要。

1. 点缺陷

晶体中晶格排列出现的缺陷，若仅涉及单个晶格结点，则称这种缺陷为点缺陷。点缺陷的典型构型是空位和填隙原子。晶体的点缺陷分为两类：一类是本征点缺陷；另一类是非本征点缺陷。本征点缺陷仅涉及晶体中的本征原子，而非本征点缺陷则包含杂质原子，如图 8-4 所示。

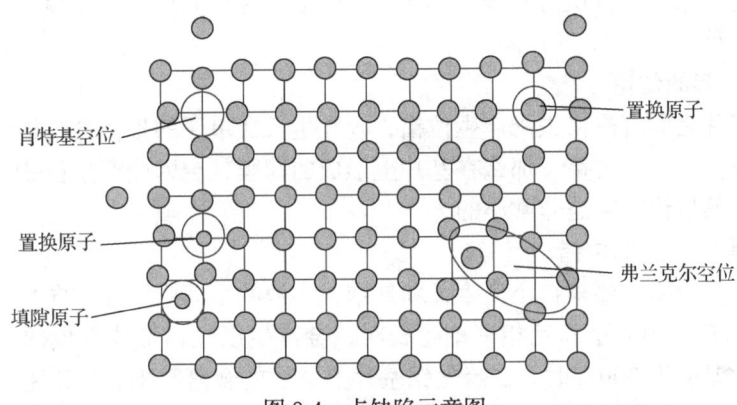

图 8-4 点缺陷示意图

晶格结点处原子在平衡位置附近不停地进行热振动，一定温度下，能量虽然为一定值，但由于存在能量起伏，个别原子在某一时刻所具有的能量完全有可能大到足以脱离束缚，逃离原来的位置，于是在原来的地方就会出现一个空位，形成空位缺陷；逃离原位的原子跳进晶格原子之间的间隙形成填隙缺陷。

当有杂质原子进入晶体时，也会形成点缺陷，这种缺陷可能是置换型的，也可能是填隙型的。与其他缺陷不同，这种缺陷不能用电子显微镜直接观测到，因此它的存在不大引起人们的注意。因为金属材料在急剧冷却时会产生许多点缺陷，故在真空蒸发过程中，温度的急剧变化必然会在薄膜中产生很多点缺陷。在薄膜中，点缺陷占原子总数的百分之几，每 1% 的原子对电阻率的贡献为 $(1\sim 4)\times 10^{-6}\Omega\cdot cm$。在点缺陷中，数量最多的是原子空位。

薄膜中存在原子空位的效果主要表现在晶体的体积和密度上，一个空位可使晶体体积大约减少 1/2 的原子体积。薄膜中空位浓度大于平衡浓度，所以它的密度比块状用膜层要小，而且空位浓度随扩散时间的增加而减小，因此膜厚也随时间的增加而减小，在膜层厚度减小过程中，膜层的电阻率也呈现随时间增加而减小的现象。这种现象为研究薄膜点缺陷提供了一种方法，通过这种方法可以进一步研究薄膜形成初期的缺陷浓度分布。当薄膜中存在的点缺陷超过平衡浓度时，由于扩散等因素，会导致电阻率不可逆地减小，这种减小过程随温度升高而加剧。

点缺陷是半导体中的主要缺陷，这些缺陷可以通过作为泄漏电流路径、散射中心或非辐射复合位点，从而降低器件的性能。探究并调控晶体缺陷，对生长高质量的半导体材料及高性能器件十分重要。点缺陷因其比较难以探测观察，会给相关研究带来一定困难。正电子湮灭作为研究空位点缺陷的一种重要手段，在评估缺陷浓度方面发挥着作用。

2. 位错

位错是薄膜中最常遇到的缺陷之一，它是晶格结构中的一种"线型"的不完整结构，密度为 $10^{12} \sim 10^{13} cm^{-2}$。块状优质晶体中的位错密度为 $10^4 \sim 10^6 cm^{-2}$。在发生强烈塑性形变晶体中，其位错密度为 $10^{10} \sim 10^{12} cm^{-2}$。

薄膜中的位错大部分从薄膜表面伸向基片表面，并在其周围产生畸变。引起位错的原因有以下两种。

1) 基片引起的位错

薄膜与基片之间有晶格失配产生位错，则在生长成单层的拟似性结构时，就会有位错产生。如果基片上有位错，那么在基片上形成的薄膜就会因此产生位错。不过在一般情况下，基片的位错密度是非常小的。

2) 小岛聚结引起的位错

薄膜中产生位错主要来自小岛生长和聚结，多数的小岛中结晶方向是任意的，当两个晶体方向稍有不同的小岛互相聚结生长时，会产生以位错形式形成的小倾斜角晶粒间界。在基片温度为300℃时，二硫化钼基片上蒸发的金薄膜中，位错密度与膜厚的关系如图 8-5 所示，从图中可以看出，在小岛聚结和随后的生长过程中有很多位错产生。另外，当小岛刚聚结合并时，在薄膜内有相当强的应力产生。有时，应力集中在小岛聚结过程中，形成空位的地方会产生位错。利用这种现象，可以通过测量薄膜内摩擦力的方法研究位错的性质。

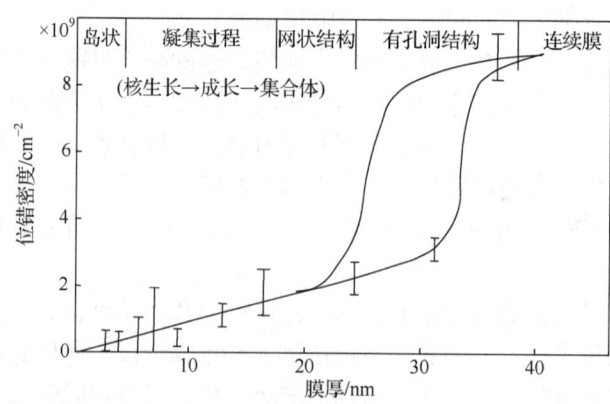

图 8-5 位错密度与膜厚的关系(金薄膜)

3. 晶粒间界

因为薄膜中含有许多小晶粒，与块状材料相比，薄膜的晶粒间界面积比较大，在吸附原子表面扩散率很小的情况下，薄膜中晶粒尺寸与临界核尺寸无较大差异。但一般情况下，吸附原子的表面扩散速率都较高，所以在小岛生长到可以互相接触发生聚结时，晶粒尺寸将远远大于临界核尺寸。薄膜中晶粒尺寸与沉积工艺条件的研究表明，随着工艺参数的变化，晶粒尺寸也发生相应的变化，最后出现一个饱和的晶粒尺寸值。当以膜厚为沉积变量时，晶粒尺寸达到饱和说明在膜厚达到一定值之后，在原有晶粒上又产生出新晶粒。新晶粒的形成可能有两个原因：一是在原有晶粒上面有污染层隔离，使新晶粒不与原有晶粒接续生长；二是原有晶粒的上部表面已成为近似于完善的封闭堆积面，新入射的气相原子很难再进入到里边，只能在上面重新排列而构成新晶粒。晶粒尺寸与各参数的关系如下。

(1) 晶粒尺寸-薄膜厚度关系。晶粒尺寸随膜厚的增加而增大，并达到饱和值。在相同膜厚时，低基片温度的晶粒尺寸要比高基片温度下获得的晶粒尺寸小。

(2) 晶粒尺寸-基片温度关系。基片温度越高，晶粒尺寸越大，并达到饱和值。在相同的基片温度下，厚膜的晶粒尺寸大于薄膜的晶粒尺寸。

(3) 晶粒尺寸-退火温度关系。在高于沉积温度的温度下进行退火处理，晶粒尺寸随退火温度的升高而增大。

(4) 晶粒尺寸-沉积速率关系。在低沉积速率下，高基片温度下薄膜的晶粒尺寸大于低基片温度下薄膜的晶粒尺寸。在较高沉积速率下，晶粒尺寸开始减小，因为气相原子在基片表面的扩散能力减弱。

4. 层错缺陷

在真空蒸发薄膜中存在层错缺陷，由原子错排产生，如图 8-6 所示。在完整的面心立方晶体中应以 ABC 顺序堆垛，每三层反复一次，周而复始，ABCABC…。若在原子排列中缺少某一层，如 A 层，则为 ABCBCABC，如图 8-6(b)所示。或者，在某一层多出来一个 A 层，则为 ABACABCABC，如图 8-6(c)所示，于是产生了层错。

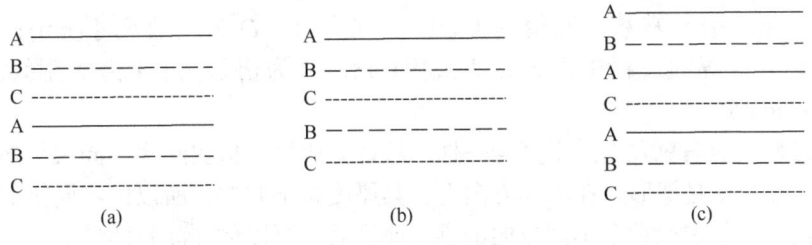

图 8-6 层错缺陷示意图

8.3 薄膜成分与结构分析技术

1. X 射线衍射仪

1895 年，德国维尔茨堡大学的伦琴教授发现了 X 射线。X 射线是一种频率极高、波长极短、能量很大的电磁波,具有很强的穿透性。X射线的频率范围为30PHz～30EHz,对应波长为0.01～10nm,能量范围为124eV～124keV。1905年和1909年,巴克拉曾先后发现X射线的偏振现象。1912年,德国物理学家劳厄发现了X射线通过晶体时产生衍射现象,证明了X射线的波动性和晶体内部结构的周期性。

通过X射线在晶体中所产生的衍射现象,进行晶体结构的表征和分析研究。X射线的波长和晶体内部原子之间的间距相近,晶体可以作为X射线的空间衍射光栅。当一束X射线照射到晶体上时,首先被电子所散射,每个电子都是一个新的辐射波源,向空间辐射出与入射波相同频率的电磁波。在一个原子系统中,所有电子的散射波都可以近似看作由原子中心发出。因此,可以把晶体中每个原子都看作一个新的散射波源,它们各自向空间辐射与入射波频率相同的电磁波。这些散射波之间的干涉作用,使得空间某些方向上的波始终保持互相叠加,于是在这个方向上可以观测到衍射线;而在另一些方向上的波始终是互相抵消的,没有衍射线产生。所以,X射线在晶体中的衍射现象,实质上是大量的原子散射波互相干涉的结果。每种晶体所产生的衍射花样都反映出晶体内部的原子分布规律。一种衍射花样的特征可以被认为由两个方面组成,一方面是衍射线在空间的分布规律,另一方面是衍射线的强度,衍射线的分布规律由晶胞的大小、形状和相位决定,而衍射线的强度则取决于原子在晶胞中的位置、数量和种类。分析衍射结果,便可获得晶体结构信息。

粉末晶体X射线定性物相分析,是根据晶体对X射线的衍射特征——衍射线的方向及其强度来实现鉴定结晶物质的。这是因为每一种结晶物质都有自己独特的化学组成和晶体结构。没有任何两种结晶物质的晶胞大小、质点种类和质点在晶胞中的排列方式是完全一致的。因此,当X射线通过晶体时,每一种结晶结构物质都有自己独特的衍射花样。它们的特征可以用各个反射面的晶面间距值d和反射线的相对强度I来表征,这里I是同一物质中某一晶面的反射线的强度,I_1是该结晶物质最强线的强度,一般把I_1定为100。

晶粒尺寸可以根据Scherrer公式进行计算:

$$D = K\lambda / (\beta \cos\theta) \tag{8-4}$$

式中,K为Scherrer常数,其值为0.89,一般取1;D为晶粒尺寸(nm);β为积分半高宽度,在计算的过程中需转化为弧度(rad);θ为衍射角;λ为X射线波长,Cu靶为0.154056nm。

由于材料中的晶粒大小并不完全一样,故计算所得结果实际为不同大小晶粒的平均值。而且,晶粒不是球形,在不同方向上,其厚度是不同的,所以由不同衍射线求得的D是不同的。一般求取数个不同方向的晶粒厚度后,可以估计晶粒的外形,它们的平均值是不同方向厚度的平均值D,即为晶粒大小。

需要指出的是,只有当引起衍射峰宽化的其他因素可以忽略不计时,才可用Scherrer公式计算出晶粒尺寸,D是引起衍射的晶面的法向方向上的晶粒尺寸。Scherrer公式的适用范围是晶粒尺寸为1～100nm。

单相物质定性分析的基本步骤如下:

(1) 计算或查找出衍射图谱上每根峰的 d 值与 I 值;

(2) 利用 I 值最大的三根强线的对应 d 值查找索引,找出基本符合的物相名称及卡片号;

(3) 将实测的 d、I 值与卡片上的数据一一对照,若基本符合,则可定为该物相。

2. 扫描电子显微镜

扫描电子显微镜(scanning electron microscope,SEM)是分析薄膜表面的微观结构和元素组分的大型电子光学仪器。该设备通过电子枪发射的电子束,经过电磁透镜的聚焦和加速,与样品发生相互作用。这些相互作用包括多种散射过程,导致电子束的方向或能量发生变化,进而产生多种信号,如二次电子、背散射电子等,这些信号能够揭示样品的物理和化学特性。SEM 的工作原理可以通过图 8-7 来直观理解。电子枪发射的细小电子束,在加速电压的作用下,经过聚光镜和物镜的聚焦,形成具有特定能量和直径的入射电子束,在物镜上方的扫描线圈产生的磁场作用下,电子束按照预定的顺序进行扫描。样品与入射电子束的相互作用激发出的信号被不同的检测器收集,从而形成图像。

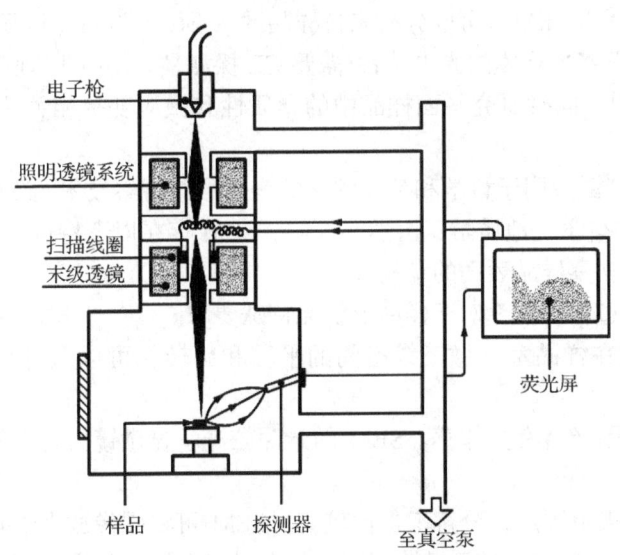

图 8-7 扫描电子显微镜成像示意图

高加速电压下成像需要镀导电膜。如果样品不导电,在常规加速电压下(> 5kV),由于带负电的电子束与样品的相互作用(入射电子到达样品时,样品将带负电,然后电子束被样品排斥),无法形成图像。大多数本身不导电的样品需要涂上一层薄薄的金属或碳以使其导电,然后才能在 SEM 中成像。只有在低加速电压下,才可能实现不导电样品不镀导电膜成像。

由于电子波长远小于可见光波长,SEM 不能形成彩色图像,因此 SEM 图像是单色的(灰度)。从 SEM 看到的任何彩色图像都是通过后处理技术着色的。SEM 图像实际上是探测器收集到的电子的强度衬度图以单色灰度数字图像的形式显示的,其中每个像素都只包含强度信息,灰度从强度最弱的黑色到强度最强的白色不等。

大多数SEM至少使用两类真空泵来达到产生稳定电子束所需的真空度。机械泵用于抽粗真空，涡轮分子泵可达到更高的真空度。如果试样潮湿或正在脱气，那么抽气时间会更长。除非是专门为潮湿样品设计的环境SEM，否则在将样品放入显微镜之前必须先将其烘干。

高真空模式是SEM的正常工作模式。高真空可最大限度地减少电子束在到达试样之前的散射。因为电子束的散射或衰减会增大探针尺寸，降低分辨率，尤其是在二次电子模式下；高真空条件还能优化二次电子的收集效率。

试样架固定在试样台上，可以沿X、Y(在试样平面内)和Z(与试样平面垂直)方向手动移动平台，Z向调节也称为高度调整，大多数试样平台还可以旋转和倾斜试样，方便对薄膜样品的断面进行观察。

SEM可以提供跨微米和纳米尺度的研究，分辨率通常为3~0.5nm，最高的分辨率可以达到0.4nm。SEM通常可将样品的细节放大10至30万倍(底片倍数的有效放大倍数)。此外，SEM图像上会提供刻度条，用于计算图像中特征的大小。

SEM也可在观察样品时同时加热或冷却样品(需要特定类型的平台)，以及观察湿润的样品(仅适用于环境SEM)；可以分析来自样品的X射线，进行微区元素分析(需要EDS探测器)；也可以研究半导体的光电特性(需要CL探测器)；还可以观察晶体材料的晶粒取向或晶体取向图，同时研究平面样品中的异质性和微应变等相关信息(需要EBSD探测器)。

SEM是一种广泛应用于科学和工程领域的表面形貌观察技术，最常见的应用领域包括材料科学、生物科学、地质学、医学等领域。SEM存在以下特点。

(1) 能够直接观察样品表面的结构。

(2) 样品制备过程简单，对于样品形状无特殊要求。

(3) 样品可以在样品室中做三维空间的平移和旋转，可以从各种角度对样品进行观察。

(4) 景深大，图像富有立体感。SEM的景深较光学显微镜大几百倍，比透射电子显微镜大几十倍。

(5) 图像的放大范围广，分辨率也比较高。SEM可将图像放大十几到几十万倍，它基本上包括了从放大镜、光学显微镜直到透射电子显微镜的放大范围。分辨率介于光学显微镜与透射电子显微镜之间。

(6) 电子束对样品的损伤与污染程度较小。

(7) 在观察形貌的同时，还可利用从样品发出的其他信号做微区成分分析。

3. 透射电子显微镜

1931年，Ruska和Knoll发明了以电子束为光源的透射电子显微镜。透射电子显微镜(transmission electron microscope，TEM)是一种高分辨率的显微镜技术，其分辨力可达0.2nm，用于观察材料的微观结构。TEM是把经加速和聚集的电子束投射到非常薄的样品上，电子与样品中的原子碰撞而改变方向，从而产生立体角散射。散射角的大小与样品的密度、厚度相关，因此可以形成明暗不同的影像，影像将于放大、聚焦后在成像器件(如荧光屏、胶片以及感光耦合组件)上显示出来。

电子束的波长要比可见光和紫外光短得多，并且电子束的波长与发射电子束的电压算术平方根成反比，也就是说电压越高，波长越短。由于电子的德布罗意波长非常短，TEM 的分辨率比光学显微镜高很多，可以达到 0.2~0.1nm，放大倍数为几万至百万倍。因此，TEM 可以用于观察样品的精细结构，甚至可以用于观察仅仅一列原子结构，比光学显微镜所能够观察到的最小结构小数万倍。TEM 可用于研究材料的晶体结构、相变、缺陷等，在材料科学、生物学、化学等领域有着广泛的应用。

电子显微镜与光学显微镜的成像原理基本相同，不同的是前者用电子束作光源，用电磁场作透镜。另外，由于电子束的穿透力很弱，因此用于电子显微镜的标本须制成厚度为 50nm 左右的超薄切片。这种切片需要用超薄切片机制作。电子显微镜的放大倍数最高可达近百万倍，由照明系统、成像系统、真空系统、记录系统、电源系统 5 部分构成，如果细分的话，其主体部分是电子透镜和显像记录系统，包括置于真空中的电子枪、聚光镜、物样室、物镜、衍射镜、中间镜、投影镜、荧光屏和照相机。

电子显微镜是使用电子来展示物件内部或表面的显微镜。高速电子的波长比可见光的波长短(波粒二象性)，而显微镜的分辨率受其使用的波长的限制，因此电子显微镜的理论分辨率(约 0.1nm)远高于光学显微镜的分辨率(约 200nm)。

当放大倍数较低时，TEM 成像的对比度主要是由材料不同的厚度和成分对电子的吸收不同而造成的。而当放大倍数较高时，复杂的波动作用会造成成像的亮度不同，因此需要专业知识来对所得到的像进行分析。通过使用 TEM 不同的模式，可以通过物质的化学特性、晶体方向、电子结构、样品造成的电子相移以及通常对电子的吸收，使样品成像。

ETM 的总体工作原理：由电子枪发射出的电子束，在真空通道中沿着镜体光轴穿越聚光镜，聚光镜将之会聚成一束尖细、明亮而又均匀的光斑，照射在样品室内的样品上；透过样品后的电子束携带样品内部的结构信息，样品内致密处透过的电子量少，稀疏处透过的电子量多；经过物镜的会聚调焦和初级放大后，电子束进入下一级的中间透镜和投影镜进行综合放大成像，最终被放大后的电子影像投射在观察室内的荧光屏板上；荧光屏将电子影像转化为可见光影像以供使用者观察。

通常所说的分辨率是指点分辨率，点分辨率是 TEM 性能的重要指标之一，它决定了 TEM 能够分辨样品中微小细节的能力。点分辨率可以定义为两个紧密相邻的点之间的最小距离，在这个距离上，它们可以被识别为两个独立的实体；晶格分辨率通常用于衡量 TEM 对晶格结构的分辨能力；信息分辨率用于反映 TEM 能够提供的关于样品结构和成分的详细信息程度。光学显微镜的最佳分辨率约为 200nm，而常规的 TEM 分辨率优于 0.2nm。这样就能观察到晶格中的缺陷和位错等特征，以及细胞器和分子机械等亚细胞结构。

影响 TEM 分辨率的因素有以下几种：电子源的亮度和稳定性；电子光学系统，包括透镜的质量和校准；样品制备，如样品的厚度、平整度和导电性；操作条件，如加速电压、电子束电流等；电子枪与光学系统的对准精度。

4. X射线光电子能谱

X射线光子的能量为1000~1500eV，不仅可使分子的价电子电离，而且可以把内层电子激发出来，内层电子的能级受分子环境的影响很小。同一原子的内层电子结合能在不同分子中相差很小，因此它是具有特征性的。

X射线光电子能谱学(X-ray photoelectron spectroscopy，XPS)是一种用于测定材料中元素构成以及其中所含元素化学态和电子态的定量能谱技术。XPS可以用来测量表面除氢和氦以外的元素构成(通常范围为1~10nm)；通过离子束蚀刻，测量元素组分与深度的关系、纯净材料的实验式、不纯净表面的杂质的元素构成、表面每一种元素的化学态和电子态、表面元素构成的均匀性；通过倾斜样品，测量元素组分与深度的关系。

XPS的原理：利用X射线照射样品，样品受光作用放出电子，光电离原子中不同能级上的电子具有不同的结合能。当具有一定能量的入射光子与样品中的原子相互作用时，单个光子把全部能量交给原子中某个壳层上的一个受束缚的电子，这个电子就获得了能量。如果能量大于该电子的结合能，那么这个电子将脱离原来受束缚的能级，剩余的光子能量转化为该电子的动能。该电子最后从原子中发射出去，成为自由光电子，原子本身则变成激发态离子。通过测量不同能量的光电子的数目，以结合能或光电子的动能(E_b(结合能) = $h\nu$(光子能量) – E_k(光电子动能) – w(功函数))为横坐标，相对强度(counts/s)为纵坐标，可作出光电子能谱图，从而获得试样有关信息。

准确地测量原子的内层电子束缚能及其化学位移，不但能为化学研究提供分子结构和原子价态方面的信息，还能为电子材料研究提供各种化合物的元素组成和含量、化学状态、分子结构、化学键方面的信息。它在分析电子材料时，不但可提供总体方面的化学信息，还能给出表面、微小区域和深度分布方面的信息。另外，因为入射到样品表面的X射线束是一种光子束，所以对样品的破坏性非常小，对分析有机材料和高分子材料非常有利。

XPS作为一种现代分析方法，具有如下特点。

(1) 可以分析除氢和氦以外的所有元素，对所有元素的灵敏度具有相同的数量级。

(2) 相邻元素的同种能级的谱线相隔较远，相互干扰较少，元素定性的标识性强。

(3) 能够观测化学位移。化学位移与原子氧化态、原子电荷和官能团有关。化学位移信息是XPS用作结构分析和化学键研究的基础。

(4) 可做定量分析。既可测定元素的相对浓度，又可测定相同元素的不同氧化态的相对浓度。

(5) 是一种高灵敏超微量表面分析技术。样品分析的深度约为2nm，信号来自表面几个原子层。

XPS也是一种表面化学分析技术，可以用来分析金属材料在特定状态下或在一些加工处理后的表面化学。这些加工处理方法包括空气或超高真空中的压裂、切割、刮削，用于清除某些表面污染的离子束蚀刻，为研究受热时的变化而置于加热环境，置于可反应的气体或溶剂环境，置于离子注入环境，以及置于紫外线照射环境等。

5. 拉曼光谱

当一束光照射到物质上，会产生反射光、透射光、散射光。当散射光频率与入射光频率相等时，这种现象称为弹性散射，也称为瑞利散射；当频率不相等时，这种现象称为非弹性散射。1928 年，印度物理学家拉曼(C. V. Raman)发现了这种非弹性散射现象。为了纪念拉曼所做的贡献，人们将这种非弹性散射现象命名为拉曼散射。

光与物质的相互作用如图 8-8 所示，其会使电子由基态跃迁到虚拟态，由于虚拟态的不稳定性，电子会立即跃迁返回到基态，并且向外发射出光子。其中，出射的光子被物质分子吸收一部分能量，导致出现频率降低的现象，称为斯托克斯散射；出射的光子吸收物质分子的一部分能量，导致出现频率升高的现象，称为反斯托克斯散射。由于斯托克斯散射强度远大于反斯托克斯散射，所以通常所说的拉曼散射都指的是斯托克斯散射。因为拉曼散射信号经过了物质分子的调制，因此其携带了物质分子的振动与转动信息。拉曼散射光与入射光的频率之差只与物质的结构有关，所以拉曼光谱也称为"指纹光谱"。

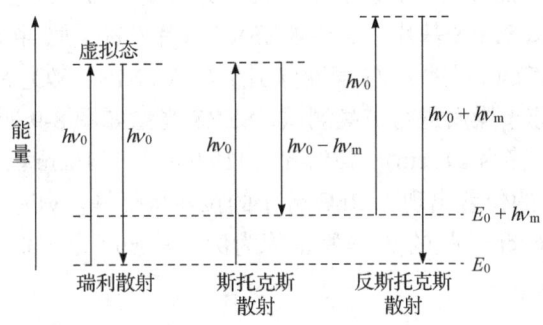

图 8-8 光与物质的相互作用

斯托克斯线或反斯托克斯线与入射光频率之差称为拉曼位移，拉曼位移的大小和分子的跃迁能级差相同。因此，对于同一分子能级，斯托克斯线与反斯托克斯线的拉曼位移应该是相等的，但在正常情况下，由于分子大多数处于基态，测量得到的斯托克斯线强度比反斯托克斯线强度要大得多。所以，在一般拉曼光谱分析中都采用斯托克斯线研究拉曼位移。

拉曼光谱是基于光和材料内化学键的相互作用而产生的，在材料的研究方面，可以提供样品化学结构、物相和形态、结晶度以及分子相互作用的详细信息，具体如下。

(1) 物质的组成：物质的具体组成通常通过分子键的振动来综合判断，该信息由拉曼频率确认。

(2) 被研究物质的张力/应力：通过拉曼峰位的变化可以判断被研究材料的部分力学性能。

(3) 物质总量：拉曼峰强度的大小决定了物质总量。

(4) 晶体质量：该信息由拉曼峰的峰宽决定。

(5) 晶体对称性和取向：拉曼的偏振情况反映了晶体的对称性和取向。

一般无须制样，样品通常放置于显微镜下测试：松散的样品可以用载玻片压一下，碳材料可以放置于载玻片上。最近，对于拉曼光谱在金刚石和类金刚石薄膜的研究工作中的应用，国内外学者的兴趣有增无减。拉曼光谱已成化学气相沉积法制备薄膜的检测和鉴定手段。另外，LB 膜的拉曼光谱研究、二氧化硅薄膜氮化的拉曼光谱研究都已见报道。

拉曼散射强度很小，拉曼光谱通常不够灵敏，但利用共振或表面增强拉曼技术就可以大大加强拉曼光谱的灵敏度。表面增强拉曼光谱学(surface-enhanced Raman spectroscopy, SERS)已成为拉曼光谱研究中一个活跃的领域。

SERS 技术因其超高灵敏度、非接触的优点，已经被广泛应用在分析物检测、生物医学、材料物理等领域。在 SERS 技术的实际应用中，为了满足对于拉曼信号灵敏度、稳定性、再现性的要求，研究人员对 SERS 基片的制备进行了大量的研究。当拉曼光谱仪发射的激光照射在 SERS 基片上时，形成的共聚焦体积是一个三维空间。研究发现三维 SERS 基片具有高的比表面积，为提高基片的热点密度创造了条件，并且可以通过增强待测分子的有效性来提升拉曼信号强度。因此，可以通过 SERS 基片的纳米结构维度将其划分为二维、三维 SERS 基片。此外，SERS 基片的性能与制备材料类型以及纳米结构的形状、尺寸、密度都有关系。以制备材料的类型划分 SERS 基片类型，可以将其分为三类，分别是贵金属 SERS 基片、半导体 SERS 基片、贵金属/半导体复合 SERS 基片。

将溶液浓度为 10^{-5}mol/L 的 R6G 溶液分别滴在 Au NPs、VO$_2$ NPs 和 VO$_2$/Au-1 样品表面，样品在高温快速干燥后进行拉曼测试，SERS 光谱如图 8-9 所示。从光谱图中可以清楚地看到，在拉曼位移为 617cm^{-1}、778cm^{-1}、1193cm^{-1}、1310cm^{-1}、1368cm^{-1}、1509cm^{-1}、1572cm^{-1} 和 1650cm^{-1} 的位置出现了 R6G 分子的拉曼特征峰。VO$_2$/Au-1 样品展现出最强的 SERS 性能，以 1368cm^{-1} 处的 R6G 特征峰为例，其强度为 7106，是 Au NPs 的 2 倍，是 VO$_2$ NPs 的 6.2 倍。

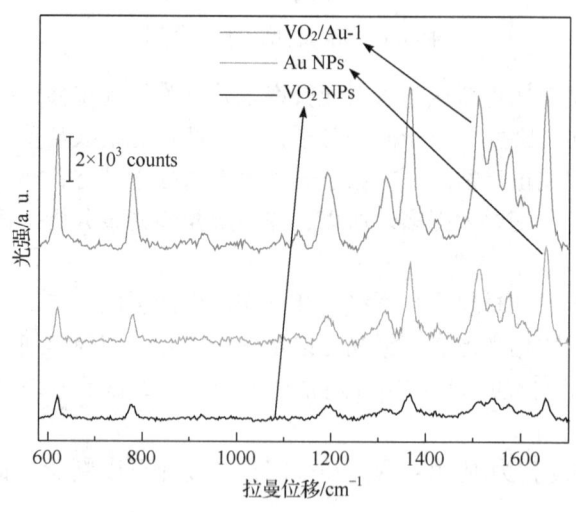

图 8-9 SERS 光谱曲线

6. 紫外可见近红外光谱仪

紫外可见近红外光谱仪可实现固体、薄膜、粉末、液体材料反射、透射、吸收的无损测量，是表征薄膜材料光学性能的重要仪器，已成为探索自然、发展科学技术和生产的强有力工具，是现代化分析实验室必备的常规仪器之一。

紫外可见分光光度计是基于紫外可见分光光度法原理，利用物质分子对紫外可见光谱区的辐射吸收进行分析的一种分析仪器，主要由光源、单色器、吸收池、检测器和信号处理器等部件组成。光源的功能是提供足够强度的、稳定的连续光谱。紫外光区通常用氢灯或氘灯，可见光区通常用钨灯或卤钨灯。

单色器的功能是将光源发出的复合光分解并从中分出所需波长的单色光。检测器的功能是通过光电转换元件检测透过光的强度，将光信号转变成电信号。常用的光电转换元件有光电管、光电倍增管及光二极管阵列检测器。分光光度计的分类方法有多种：按光路系统可分为单光束和双光束分光光度计；按测量方式可分为单波长和双波长分光光度计；按绘制光谱图的检测方式可分为分光扫描检测分光光度计与二极管阵列全谱检测分光光度计。

分子的紫外可见吸收光谱是由于分子中的某些基团吸收了紫外可见辐射光后，发生电子能级跃迁而产生的吸收光谱。由于各种物质具有各自不同的分子、原子和不同的分子空间结构，其吸收光能量的情况也就不会相同，因此每种物质有其特有的、固定的吸收光谱曲线，可根据吸收光谱上的某些特征波长处的吸光度的高低判别或测定该物质的含量，这就是分光光度定性和定量分析的基础。

分光光度分析就是根据物质的吸收光谱研究物质的成分、结构和物质间相互作用的有效手段。它是带状光谱，反映了分子中某些基团的信息。可以用标准光谱图再结合其他手段进行定性分析。

根据朗伯-比尔定律，光的吸收与吸收层厚度成正比，与溶液浓度也成正比；如果同时考虑吸收层厚度和溶液浓度对光吸收率的影响，可得 $A = \varepsilon bc$(即朗伯-比尔定律)，其中 A 为吸光度，ε 为摩尔吸光系数，b 为液池厚度，c 为溶液浓度，从而可以对溶液进行定量分析。

分光光度计的工作原理：由光源灯发出连续辐射光线，经滤光片和球面反射镜至单色器的入射狭缝聚焦成像，光束通过入射狭缝经平面反射镜到准直镜产生平行光，射至光栅上色散后，又以准直镜聚焦在出射狭缝上形成连续光谱，由出射狭缝选择射出一定波长的单色光，经聚光镜聚光后，通过试样室中的测试溶液被部分吸收，经过光门再照射到光电管上，调整仪器，使透光度为 100%，再移动试样架拉手，使同一单色光通过测试溶液后照射到光电管上。如果被测样品有光吸收现象，光量减弱，将光能的变化程度通过数字显示器显示出来，可根据需要直接在数字显示器上读取透光度(T)、吸光度(A)等。

紫外可见分光光度计可以测定薄膜的吸收、透过、反射率等参数，在材料科学与工程领域，包括高分子材料、金属材料、非金属材料、纳米材料、新能源材料及器件等领域中有广泛应用，对于深入认识材料的光学性能有着重要意义。

紫外可见分光光度计被广泛应用于药物开发、品质控制和安全检测中，起着至关重要的作用。例如，在制药业中，紫外可见分光光度计常被用于测定药物含量、确定峰值波长、鉴别药物，同时也应用在制备、纯化、溶解度等方面。

紫外可见分光光度计还可用于测定蛋白质的浓度、核酸纯度、酶活性以及细胞培养等多种生物学实验中，也被应用于彻底地检测水和土壤中出现的各种环境污染物质、有毒物质和重金属，可通过颜色反应、吸收率和波长漂移等方法来检测这些材料，以确保环境的安全和健康。在食品、饮料和化妆品制造过程中，紫外可见分光光度计可以用于快速检查食品质量，包括提高食品的色泽、食品品质维护和化妆品的安全性检测等各个方面。

7. 傅里叶变换红外光谱仪

傅里叶变换红外光谱仪(Fourier transform infrared spectrometer，FTIR)是一种干涉型红外光谱仪。FTIR 利用傅里叶变换技术将样品吸收的红外辐射转换为频谱图，通过不同波数处的吸收峰来确定物质的结构和化学成分。FTIR 具有高分辨率、灵敏度高、操作简便等特点，被广泛应用于材料科学、化学、生物科学等领域。

FTIR 主要由红外光源、分束器、干涉仪、样品池、探测器、数据处理系统、记录系统等组成，利用迈克耳孙干涉仪获得入射光的干涉图，然后通过傅里叶变换，把时间域函数干涉图变换为频率域函数图(普通的红外光谱图)。

(1) 红外光源：FTIR 为测定不同范围的光谱而设置多个光源，通常用的是钨丝灯或碘钨灯(近红外)、硅碳棒(中红外)、高压汞灯及氧化钍灯(远红外)。

(2) 分束器：作用是将入射光束分成反射和透射两部分，然后使之复合，如果使两束光造成一定的光程差，那么复合光束可造成相长或相消干涉。

对分束器的要求：应在波数 v 处使入射光束透射和反射各半，此时被调制的光束振幅最大。根据使用波段范围不同，在不同介质材料上添加相应的表面涂层，即可构成分束器。

(3) 探测器：FTIR 所用的探测器与色散型红外分光光度计所用的探测器无本质的区别。常用的探测器有硫酸三甘钛、铌酸钡锶、碲镉汞、锑化铟等。

(4) 数据处理系统：FTIR 数据处理系统的核心是计算机，功能是控制仪器的操作，收集数据和处理数据。

常见的 FTIR 主要存在衰减全反射式、反射式、透射式和映像式 4 种类型，不同的类型适用于进行不同特征的样品的测试。

(1) 衰减全反射 FTIR。衰减全反射(attenuated total reflection，ATR)FTIR 技术适用于表面或薄膜样品的快速非破坏性分析。通过分析样品表面的光反射，ATR FTIR 能提供关于表面层的详细化学信息，对于研究生物膜和其他生物界面非常有效，特别适合分析涂层、薄膜或只有少量样品可用的情况，对新材料的开发和表面处理工艺的优化至关重要，如在研究细菌生物膜的化学组成和抗生素抵抗性方面。

(2) 反射 FTIR。反射技术通常用于不透明或强吸收材料的分析。反射 FTIR 技术在材料科学中应用广泛，可以揭示材料在制造过程中的物理和化学变化，特别适用于那些不能有效透射红外光的样品，如金属和矿石。在艺术品修复和文物保护中，反射 FTIR 用于分析古老的颜料和涂层，帮助科学家和修复专家了解这些材料的原始组成和老化过程。

(3) 透射 FTIR。透射 FTIR 技术通过测量样品对红外光的透射能力来分析样品，这种方法适用于透明或半透明样品的深入研究。在化学工业中，这种技术常用于监测化学反应的进程，如在制药过程中跟踪反应物的消耗和产物的形成。

(4) 映像 FTIR。映像 FTIR 技术允许科学家对更大面积的样品进行分析，识别样品中不同区域的化学成分和结构差异，这在材料均匀性分析和缺陷识别中非常有价值。

FTIR 具有如下优势。

(1) 分辨能力高。一般棱镜式红外分光光度计的分辨率为 $1.000cm^{-1}$，光栅式仪器也只是在个别光谱范围内达到 $0.200cm^{-1}$，但 FTIR 在整个光谱范围内的分辨率达到 $0.100cm^{-1}$，甚至能达到 $0.005cm^{-1}$。

(2) 扫描速率快。一般棱镜式或光栅式红外分光光度计在单位时间内只能记录所研究的一个光谱元，记录全部的光谱元就需要较长的时间，有的需要 3~5min，有的则需要 7~10min。而 FTIR 记录全部光谱元与记录一个光谱元的时间相等，一般在 1s 内即可完成光谱范围的扫描，因而扫描速率比一般分光光度计快数百倍，这主要是由于干涉仪与扫描单色仪相比具有多路优点。有数据显示，在 $400.000\sim 0cm^{-1}$ 范围内，分辨率为 $1.000cm^{-1}$，信噪比相同的条件下，干涉仪比单色仪在取得信息上要快 4000 倍。

(3) 辐射通量大。干涉仪测量光谱具有辐射通量大的优点，首先为物理学家 Jacquinot 所发现。常规分光计由于带有入射和出射狭缝，能够到达检测器上的辐射能量非常有限，例如，在 $4000.000\sim 400.000cm^{-1}$ 范围内，分辨率为 $8.000cm^{-1}$ 时，任一时刻达到检测器上的能量仅为 0.20%左右，而当分辨率提高到 $1.000cm^{-1}$ 时，到达检测器上的能量仅为 0.03%。因为无论高分辨率还是低分辨率的分光计，都是在一个宽波数范围内测定红外光谱的低效设备。色散光谱仪中，仅那些通过单色器入射和出射狭缝的辐射才能最终达到探测器。而在 FTIR 的干涉仪中没有狭缝的限制，干涉仪辐射通量的大小只取决于平面镜头的大小，因此在相同分辨率的情况下，其辐射通量要比色散型仪器大得多。此优点使 FTIR 特别适用于测量弱信号光谱，从而具有很高的灵敏度。

(4) 具有极低的杂散辐射。因为具有某些波长的杂散辐射到达探测器后，将产生不同的干涉环纹，在变换为光谱之后，它们可以被鉴别出来，通常在全光谱范围内可低于 0.30%。

(5) 可研究很宽的光谱范围。使用棱镜式红外分光光度计，研究 $4000.000\sim 400.000cm^{-1}$ 光谱要使用 LiF、NaCl 和 KBr 三个棱镜，使用光栅式红外分光光度计至少也需要两块光栅和若干滤光片。要研究 $400.000\sim 10.000cm^{-1}$ 的远红外光谱，需要另添置一台远红外分光光度计。FTIR 仅改变分束器和光源就可以研究整个红外区 $13330.000\sim 10.000cm^{-1}$ 的光谱。

(6) 适用于微少试样的研究。因为 FTIR 光束截面甚小(约 1mm)，可用于研究单晶、单纤维这类物质，对于微量及痕量分析特别重要，现代计算机化的红外光谱仪，通过红外显微技术仅需几纳克($10^{-9}g$)的样品，或通过采用基质分离红外技术，仅需要几皮克($10^{-12}g$)的样品，即可测出物质的红外吸收。

通过测量样品在红外光谱区域的吸收、发射或散射特性，可以鉴定化合物的种类和结构。这对于有机化学、无机化学、高分子科学等领域的研究具有重要意义。FTIR 可用于研究生物分子的结构和功能，如蛋白质、核酸、糖类等生物大分子的构象变化、相互作用以及药物与生物分子的结合情况等；该技术还可用于疾病的早期诊断和药物筛选等方面；利用 FTIR 可以快速检测大气、水体和土壤中的污染物种类和浓度；这对于环境保护和污染治理具有重要意义；FTIR 也可用于分析材料的成分、结构和性能等信息，这对于新材料的研发、材料改性以及材料性能的优化等方面具有重要价值；此外，FTIR 还可用于检测食品中的添加剂、残留农药以及微生物污染等有害物质。

习　题

1. 薄膜的结构和缺陷是否会影响薄膜的性能？
2. 薄膜的组织结构指的是什么？
3. 制备单晶薄膜的方法有哪些？
4. 如何消除阴影效应？
5. 薄膜的缺陷有哪些类型？
6. 如何区分单晶和多晶薄膜？

第 9 章 薄膜的电学性质

金属膜是电子学领域中应用最为广泛的一种薄膜,用于获得电信号如半导体器件的电极、各种集成电路中的导线和电极、电阻器、电容器、超导器件、敏感元件和光纤通信用元器件(非全光网络)等领域。各种元器件及集成电路对金属膜性能有不同要求(导电类型、浓度等),但是作为共性的要求,电阻率、电阻率温度系数和非欧姆特性等与膜厚、环境温度和电场的关系等则需集中研究。因此,本章研究的内容为共性要求的导电性质。

9.1 块状金属的导电性质

在研究连续金属膜的导电性质时,往往将其和块状金属材料相对比,所以在研究连续金属膜的导电性质之前,先研究块状金属材料的导电性质。

表征块状金属材料导电性质的基本物理量有电阻 R、电阻率 ρ 和电阻温度系数 α。对于长度为 L、横截面积为 S 的金属丝,其电阻 R 可表示为

$$R = \rho L / S \tag{9-1}$$

式中,ρ 是比例系数,称为电阻率。电阻率仅与金属材料本质属性和温度有关,而与导体的几何尺寸无关。

电阻率 ρ 的倒数称为电导率,并用 σ 表示:

$$\sigma = \frac{1}{\rho} \tag{9-2}$$

金属在不发生相变的情况下,其电阻率 ρ 随温度的升高而增大:

$$\rho_T = \rho_0 (1 + \alpha \cdot T) \tag{9-3}$$

式中,ρ_T 是温度为 T 时的电阻率;ρ_0 是温度为 0℃时的电阻率;α 是电阻温度系数。

由 0℃至温度 T 的平均电阻温度系数为

$$\bar{\alpha}_T = \frac{\rho_T - \rho_0}{\rho_0 \cdot T} \tag{9-4}$$

温度 T 时的真实电阻温度系数为

$$\alpha_T = \frac{d\rho}{dT} \cdot \frac{1}{\rho_T} \tag{9-5}$$

上面讨论电阻温度系数 α 或 α_T 都是对于假设金属材料的几何尺寸(如 L 或 S)而言的,与温度变化无关。

根据量子力学理论对金属导电问题的研究，在金属晶体中，原子失去价电子成为正离子，正离子构成晶体点阵，价电子则成为公有化的自由电子。金属中正离子形成的电场是均匀的。对于电子的运动，不可能同时测准其位置和动量，只能用电子出现的概率来描述电子的位置。根据波粒二象性原理，对电子的运动既可用质量、速率和动能来描述，又可用波长、频率等参数描述。自由电子的能量必须符合量子化的不连续性。根据这种理论推导出金属电阻率 ρ 的表达式为

$$\rho = \frac{2m}{n \cdot e^2 \cdot \tau} \tag{9-6}$$

式中，m 是电子质量；e 是电子电荷；n 是参与导电的有效电子浓度；τ 是电子波受相邻两次散射的间隔时间，也常用散射概率 $P = 1/\tau$（单位时间的散射次数）表示电子波的散射。

在金属晶体中的散射机构有晶格散射(声子散射)、电离杂质散射、中性杂质散射、位错散射、载流子散射和晶粒间界散射，具体如表 9-1 所示。若上述散射概率分别用 P_1、P_2、P_3、P_4、P_5、P_6 来表示，当它们同时存在时，有

$$P = P_1 + P_2 + P_3 + P_4 + P_5 + P_6 \tag{9-7}$$

表 9-1 金属材料的电阻率

材料名称		温度及结构状态	电阻来源	电阻率	电阻温度系数
块材	单晶	0K，理想晶格	—	0	—
	单晶	>0K，晶格振动	声子散射	很小	很大
	单晶	>0K，晶格中含杂质	声子和杂质散射	增大	减小
	单晶	>0K，晶体中再含缺陷	再加缺陷散射	再增大	再减小
	多晶	>0K，晶体中再含晶界	再加晶界散射	再增大	再减小
薄膜	连续膜	>0K，晶体一维变小	再加表面散射	再增大	再减小
	丝状膜	>0K，晶体趋近于一维连续	再加细丝周界散射	再增大	再减小
	接触膜	>0K，晶体趋近于完全不连续	再加接触散射	再增大	趋近于零
	岛状膜	>0K，晶体完全不连续	电子隧穿	很大	负值

其中，只有声子散射与温度 T 有关，在不同温度时，声子散射对电阻率的贡献如式(9-8)和式(9-9)所示。

高温时：
$$\rho_T = \frac{2m}{n \cdot e^2} P_1 = \frac{C \cdot T}{4\theta_D} \tag{9-8}$$

低温时：
$$\rho_T = \frac{124.4 \cdot C \cdot T^5}{\theta_D^5} \tag{9-9}$$

式中，C 是常数；θ_D 是德拜温度。若将其他散射机构对电阻率 ρ 的贡献归总为一项，则电阻率 ρ 可表示为

$$\rho = \rho_T + \rho_i \tag{9-10}$$

当温度 T 趋近于 0K 时，ρ_T 也趋近于零，电阻率 ρ 则趋近于 ρ_i，通常将 ρ_i 称为剩余电阻率，称为马西森(Matthiessen)定则。一些有代表性的块状金属导电性的物理参数值如表 9-2 所示。

表 9-2 块状金属导电性的物理参数值

金属	θ_D/K	$\rho/(\mu\Omega \cdot cm)$ $T=0°C$	$\alpha/(\times 10^{-3}/K)$ $T=$室温	$n/(\times 10^{22}/cm^3)$	费米能级 E_F/eV
Ag	220	1.49	4.30	5.9	5.5
Al	400	2.50	4.60	18.5	11.8
Au	185	2.06	4.02	5.9	5.5
Bi	80	100	4.45	2.75×10^{-5}	0.0276
Cr	630	13.2	3.01	—	6.3
Cu	310	1.55	4.33	8.5	7.0
Fe	355	8.6	6.51	—	4.4
K	99	6.1	6.73	1.3	1.9
Na	160	4.28	5.46	2.6	2.5
Ni	320	6.14	6.92	—	4.7
Pt	225	9.81	3.96	—	—
Ti	278	42	5.46	6	5.6
W	315	4.89	5.10	—	—

9.2 连续金属膜的导电性质

1. 连续金属膜导电性质的特点

虽然连续金属膜在微观结构上比不连续薄膜要致密得多，但是与用块状金属压制的薄金属箔片相比，其含有的各种微观缺陷导致它在导电性质上与金属箔片有较大的差异，从而形成了自己固有的一些特点：

(1) 薄膜电阻率 ρ_F 与薄膜厚度 d 有密切关系，随着膜厚的增大，电阻率逐渐减小并趋于稳定值；
(2) 薄膜电阻率 ρ_F 始终大于块状金属箔的电阻率 ρ_B；
(3) 薄膜电阻率 ρ_F 的电阻温度系数 α_F 与厚度有关；
(4) 薄膜电阻率 ρ_F 受到时间和温度影响，发生不可逆变化；
(5) 薄膜电阻率 ρ_F 与晶粒尺寸有关；
(6) 薄膜霍尔系数 R_H 与薄膜厚度 d 有关。

2. 连续金属膜的形状效应

在连续金属膜中，导电性质与薄膜厚度有关的现象称为形状效应。这种效应说明当膜厚 d 的大小与导电电子平均自由程 λ 相近时，薄膜的上下表面对导电电子的运动施加了几何尺寸的限制。所以，从另外一种定义来说，薄膜厚度对导电电子平均自由程的几何限制称为连续金属膜的形状效应。在薄膜中，当膜厚与导电电子的德布罗意波长相近时，电子垂直于薄膜表面运动的能级变成离散状态，这种现象称为量子形状效应。这里，只研究前一种形状效应。

研究形状效应的物理模型如图 9-1 所示。薄膜厚度 d 沿 z 轴方向，数值上与导电电子平均自由程 λ 相近。长度沿 x 轴方向，宽度沿 y 轴方向。与厚度相比，将薄膜的长度和宽度看作近似于无限大。沿 x 轴方向施加电场 E，在薄膜中导电电子将沿 x 轴方向运动。若这个电子的运动方向与 z 轴成一定角度 θ 或 β，则它在 z 轴方向上有一个速率分量 v_z。因此，电子可能在 z 轴方向小于电子平均自由程 λ 之处与薄膜表面相碰撞而改变运动方向，从而影响了沿 x 轴方向的运动速率。当薄膜厚度越小时，这种影响越大。

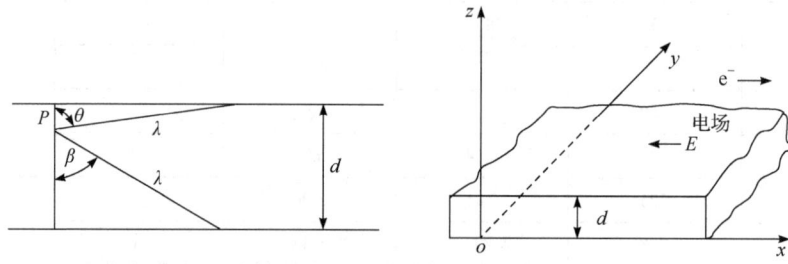

图 9-1 连续薄膜的断面图

由于薄膜表面状态不同，导电电子与其相碰撞时可能产生两种反射：弹性反射和非弹性反射。若弹性反射(或称为镜面反射)电子数与总的反射电子数之比(称为镜面反射系数)用 P 表示，则非弹性反射(或称为扩散反射)电子数与总反射电子数之比用 $1-P$ 表示。

根据这种物理模型求解导电电子分布函数 $f(r、v、t)$ 玻耳兹曼方程便可得到连续金属膜电阻率 ρ_F 与薄膜厚度 d 之间的函数关系。最早从理论上研究这种函数关系的是 K. Fuchs，后来经 E. H. Sondheimer 改进得到更为精确的函数关系(从洁净度不同的薄膜两表面反射情况)。下面主要介绍 Sondheimer 的理论分析方法，或称为 F-S 理论。

在电场 E 和磁场 H 都存在的情况下，准自由电子的玻耳兹曼方程为

$$\frac{-e}{m}(\boldsymbol{E}+\boldsymbol{v}\times\boldsymbol{H})\cdot\text{grad}rf+\boldsymbol{v}\cdot\text{grad}rf=\left(\frac{\partial f}{\partial t}\right)_{碰} \tag{9-11}$$

若求解这个方程，需要根据实际情况提出的条件对方程做进一步简化处理。这些条件包括以下几点。

(1) 只研究电阻率与温度 T 和时间 t 的关系，磁场 $H = 0$。
(2) 电场 E 与 z 轴和 x 轴平行。
(3) 薄膜在 x、y 轴方向可看作无限大的平面，在 z 轴方向的厚度非常小。

(4) 导电电子分布函数 f 可看作平衡态分布函数 f_0 和由表面与电场等引起散射的微扰项 f_1 之和，即 $f = f_0 + f_1$，其中 f_0 是速率 v 的函数，f_1 是速率 v 与 z 的函数，因此有

$$\frac{\partial f_1}{\partial x} = \frac{\partial f_1}{\partial y} = 0, \quad \frac{\partial f_1}{\partial z} \neq 0, \quad f(v, r) = f_0(v) + f_1(v, z) \tag{9-12}$$

(5) 微扰项 f_1 在 x 轴方向的作用很小：

$$\frac{\partial f_1}{\partial v_x} \ll \frac{\partial f_0}{\partial v_x}, \quad \frac{\partial f}{\partial v_x} = \frac{\partial f_0}{\partial v_x} \tag{9-13}$$

(6) 因 f_0 表示平衡态，$f - f_0$ 表示因散射作用造成的偏离平衡态。若去掉干扰之后，恢复到平衡态所需弛豫时间为 τ，则有

$$\left(\frac{\partial f}{\partial t}\right)_{\text{碰}} = -\frac{(f - f_0)}{\tau} = \frac{f_0 - f}{\tau} = \frac{-f_1}{\tau} \tag{9-14}$$

式中，负号表示保证系统能恢复到原来的平衡态。

根据上述条件，在薄膜上施加电场 E_x 之后，玻尔兹曼方程(9-11)可简化为

$$\frac{\partial f_1}{\partial z} + \frac{f_1}{\tau \cdot v_z} = \frac{e \cdot E_x}{m \cdot v_x} \cdot \frac{\partial f_0}{\partial v_x} \tag{9-15}$$

式中，v_x 和 v_z 分别是导电电子速率 v 在 x 轴方向和 z 轴方向上的分量。

方程(9-15)的通解是

$$f_1(v, z) = \frac{e \cdot E_z \cdot \tau}{m} \cdot \frac{\partial f_0}{\partial v_x} \left[1 + F(v) \cdot \exp\left(\frac{-z}{\tau \cdot v_z}\right)\right] \tag{9-16}$$

式中，$F(v)$ 是由边界条件确定的速率 v 的任意函数。

由于薄膜上下两个表面($z = d$, $z = 0$)的性质相同，在非弹性散射的情况下($P = 0$)，散射是完全无规则的，导电电子会失去从电场中得到的能量，分布函数 f 在上下表面处都等于平衡态分布函数 f_0，即在 $z = 0$ 和 $z = d$ 处，$f = f_0$，于是可得到

$$f_1(v, 0) = 0, \quad F(v) = 1$$

$$f_1(v, d) = 0, \quad F(v) = -\exp\left(\frac{d}{\tau \cdot v_x}\right) \tag{9-17}$$

将式(9-17)代入式(9-16)可得到干扰电子分布的函数 f_1，离开下表面者用 f_1^+ 表示，离开上表面者用 f_1^- 表示，则有

$$v_z > 0, \quad f_1^+ = \frac{e \cdot \tau \cdot E_z}{m} \cdot \frac{\partial f_0}{\partial v_x} \left[1 - \exp\left(\frac{-z}{\tau \cdot v_z}\right)\right]$$

$$v_z < 0, \quad f_1^- = \frac{e \cdot \tau \cdot E_z}{m} \cdot \frac{\partial f_0}{\partial v_x} \left[1 - \exp\left(\frac{d - z}{\tau \cdot v_x}\right)\right] \tag{9-18}$$

在电场 E_x 方向上，电流密度 j_x 也是 z 的函数：

$$j_x(z) = -2e\left(\frac{m}{h}\right)^3 \cdot \iiint v_x \cdot f_1(z) \mathrm{d}v_x \mathrm{d}v_y \mathrm{d}v_z \tag{9-19}$$

式中，h 是普朗克常数。

对于块状金属材料 $z = \infty$、连续金属膜 $z = d$，z 轴方向上的平均电流密度为

$$\overline{j_x(z)} = \int_0^d j_x(z) \mathrm{d}z \Big/ d \tag{9-20}$$

利用球坐标代替直角坐标，$j = \sigma \cdot E$，便可求出块状金属电阻率 ρ_B 和连续金属膜电阻率 ρ_F 之间的关系。

当 $d \gg \lambda$ 时，有
$$\rho_F = \rho_B \left(1 + \frac{3\lambda}{8d}\right) \tag{9-21}$$

当 $d \ll \lambda$ 时，有
$$\rho_F = \rho_B \frac{4\lambda}{3d \cdot \ln(\lambda/d)} \tag{9-22}$$

若考虑弹性散射，即 $P \neq 0$，则式(9-21)和式(9-22)可表示为

当 $d \gg \lambda$ 时，有
$$\rho_F = \rho_B \left[1 + \frac{3\lambda}{8d}(1-P)\right] \tag{9-23}$$

当 $d \ll \lambda$ 时，有
$$\rho_F = \frac{4}{3} \cdot \frac{\lambda}{d(1+2P)} \cdot \frac{\rho_B}{\ln(\lambda/d)} \tag{9-24}$$

通过上面的理论分析可得到以下结论：
(1) 薄膜电阻率大于块状金属的电阻率；
(2) 薄膜电阻率与厚度 d 有关，若令

$$3\rho_B \lambda/(8d) = \rho_{S_1}, \quad 3\rho_B \lambda(1-P)/(8d) = \rho_{S_2}$$

则式(9-21)和式(9-23)可改写为

$$\rho_F = \rho_B + \rho_{S_1}, \quad \rho_F = \rho_B + \rho_{S_2} \tag{9-25}$$

若与表示块状金属散射机构的式(9-7)相对应，ρ_{S_1} 和 ρ_{S_2} 则是由第 7 种散射机构(即薄膜表面散射)对电阻率的贡献。这样，连续金属薄膜电阻率 ρ_F 可写为

$$\rho_F = \frac{2m}{n \cdot e^2 \tau} = \frac{2m}{n \cdot e^2}(P_1 + P_2 + P_3 + P_4 + P_5 + P_6 + P_7) \tag{9-26}$$

另外，因为 $\rho_{S_2} < \rho_{S_1}$，它说明若导电电子中有一部分受到表面弹性散射，由于它们在 z 轴正方向(电场方向)没有能量损耗，所以形状效应作用也比较小。

根据这种理论描绘的薄膜电阻率 ρ_F 与厚度 d 关系曲线，与实验曲线很类似，表明这种理论有一定的正确性。

3. 连续金属膜电阻率 ρ_F 与温度 T 的关系

研究这种关系常用的物理参数是电阻率 ρ_F 的温度系数 α_F。在研究这种关系时，忽

略薄膜厚度 d 与温度 T 的关系，只研究 ρ_B 和 λ 与温度 T 的关系。

为了简单起见，只研究厚度较大($d \gg \lambda$)的薄膜，根据式(9-21)和式(9-23)可得到

$$\frac{\alpha_F}{\alpha_B} = 1 - \frac{3\lambda}{8d} \tag{9-27}$$

$$\frac{\alpha_F}{\alpha_B} = 1 - \frac{3\lambda}{8d}(1-P) \tag{9-28}$$

式中，α_B 是块状金属电阻率 ρ_B 的电阻温度系数。从式(9-27)和式(9-28)都看出 $\alpha_F < \alpha_B$。结合 $\rho_F > \rho_B$ 的情况，则说明连续金属膜的导电性质也符合马西森定则。

因为 $\rho_F = \rho_B + \rho_S$，ρ_S 等于 ρ_{S_1} 或 ρ_{S_2}，则有 $\rho_F = \rho_T + \rho_i + \rho_S$，求 ρ_F 对温度 T 的导数为

$$\frac{d\rho_F}{dT} = \frac{d\rho_T}{dT} + \frac{d\rho_i}{dT} + \frac{d\rho_S}{dT} \tag{9-29}$$

由于 $d\rho_i / dT = 0$，可得

$$\rho_F \cdot \alpha_F = \rho_B \cdot \alpha_B + \rho_S \cdot \alpha_S \tag{9-30}$$

式中，α_S 是 ρ_S 的电阻温度系数。在膜厚较大时，ρ_S 很小，式(9-30)右边第二项可忽略不计，就得到马西森定则的另一种表达形式：

$$\rho_F \cdot \alpha_F = \rho_B \cdot \alpha_B \tag{9-31}$$

当薄膜厚度一定时，ρ_B/ρ_F 为恒定值，α_F 与 α_B 成正比关系。利用这种关系选择块状金属电阻温度系数较大的材料，可制作薄膜电阻温度系数较大的热敏元件。从表 9-2 中可看到，Ni 的电阻温度系数 α_B 最大，所以通常都选用 Ni 薄膜制造薄膜型热敏元件。

9.3 不连续金属膜的导电性质

不连续金属膜一般是指厚度为几十埃，完全由孤立小岛形成的薄膜。这种薄膜由金属小岛和空气组成，在实际应用中逐渐增多。在实际应用中也经常制造由金属小岛和介质相互混合形成的金属-陶瓷(ceramet)薄膜，如 Cr-SiO 薄膜。两者之间的差异在于前者的两个孤立小岛之间为空气隙，后者的两个金属颗粒之间为介质层，但它们的导电机理相类似。

1. 不连续金属膜导电性质的特点

不连续金属膜导电性质的特点有以下几点：
(1) 电阻率 ρ_F 非常大；
(2) 电阻温度系数 α_F 为负值；
(3) 在弱电场时呈现欧姆性质导电，在强电场时呈现非欧姆性质导电；
(4) 导电电子激活能较大，随着膜厚的减小，激活能上升；

(5) 电阻应变系数较大；
(6) 薄膜沉积后的经时变化大；
(7) 因吸附各种气体，电阻率随温度有可逆和不可逆变化；
(8) 在强电场下有电子发射和光发射现象；
(9) 电流噪声较大，大多数呈现 $1/f$ 特性。

2. 不连续金属膜的导电机理

为了从理论上说明不连续金属膜导电性质方面的特点，到目前为止基本上形成了两种理论，即热电子发射理论和激活隧道效应理论。

1) 热电子发射理论

随着温度上升，金属中电子的动能不断增大。当电子运动速率 v 在垂直于金属表面的分量 v_x 增大到其动能 $mv_x^2/2$ 大于金属材料功函数 φ 时，电子便脱离金属表面发射到真空中去。若在两个金属板之间施加电场，则可形成热电子的定向流动。如果忽略空间电荷的影响，可得到热电子发射电流密度 j 如下：

$$\begin{cases} j = A \cdot T^2 \cdot \exp\left(\dfrac{-\varphi}{kT}\right) \\ A = \dfrac{4\pi m e k^2}{h^3} \end{cases} \quad (9\text{-}32)$$

式中，φ 是金属材料功函数；k 是玻耳兹曼常数；h 是普朗克常数；m 是电子质量；e 是电子电荷；T 是热力学温度。

若金属小岛间距离为 b，热发射电子在小岛间的漂移速率为 v_b，则平均自由时间为 $\tau = b/v_b$。因电流密度 $j = e \cdot n \cdot v_b$，电导率 $\sigma = ne^2\tau/m$，所以热电子发射情况下的电导率 σ_T 可表示为

$$\sigma_T = \frac{n \cdot e^2 \cdot \tau}{m} = \frac{e \cdot b}{m \cdot v_b^2} \cdot \frac{4\pi \cdot m \cdot e}{h^3}(kT)^2 \exp\left(\frac{-\varphi}{kT}\right) \quad (9\text{-}33)$$

热电子平均动能 $mv_b^2/2 = 3kT/2$，代入式(9-33)可得到不连续金属膜电阻率 ρ_T 为

$$\rho_T = \frac{3h^3}{4\pi \cdot m \cdot e^2 \cdot b \cdot kT} \exp\left(\frac{\varphi}{kT}\right) \quad (9\text{-}34)$$

当用式(9-34)说明不连续金属膜导电性质的特点时，便出现以下问题：随着岛间距离 b 的增大，没有说明电阻率 ρ_T 下降与实验结果相矛盾；没有说明电场 E 与电阻率的关系；计算的电流密度比实测值小得多；功函数 φ 比实测值大 10～100 倍；没有考虑小岛尺寸的影响。

对式(9-34)进行修正主要在于功函数方面。首先是用镜像力进行修正。在一块无限大的金属板外面有一个负点电荷 $-e$(图 9-2)，它与金属板表面距离为 x。在金属板内部同样距离处便感应一个正点电荷 $+e$。于是负点电荷在 x 处的位能即镜像位垒 W 为

$$W = 2x \cdot F = \frac{-e^2}{4\pi \cdot \varepsilon_0 \cdot (2x)^2} \cdot 2x = \frac{-e^2}{8\pi \cdot \varepsilon_0 \cdot x} \tag{9-35}$$

式中,F 是镜像力,$F = -e^2 / \left[4\pi \cdot \varepsilon_0 \cdot (2x)^2 \right]$;$\varepsilon_0$ 是真空介电常数。若在这个金属板的对面再平行放置一块金属板,两者相距 b,则负点电荷夹在两个平行金属板之间。对后一个金属板的镜像位垒 W' 为

$$W' = \frac{-e^2}{8\pi\varepsilon_0(b-x)} \tag{9-36}$$

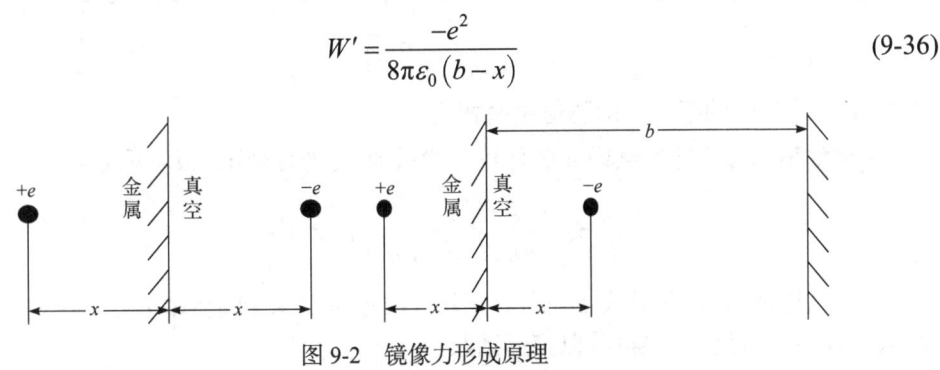

图 9-2 镜像力形成原理

这样,在无外电场作用时,一个电子从一个金属板跃迁到另一个金属板需克服的位垒 Φ' 为

$$\Phi' = \Phi + W + W' = \Phi - \frac{e^2}{8\pi \cdot \varepsilon_0 \cdot x} - \frac{e^2}{8\pi\varepsilon_0(b-x)} \tag{9-37}$$

当与薄膜表面平行地施加一个电场 E 时,它形成的位垒 $W'' = -eE_x$。这时,一个电子从一个金属板跃迁到另一个金属板需克服的位垒 Φ' 就变为

$$\Phi' = \Phi + W + W' + W'' = \Phi - \frac{e^2}{8\pi \cdot \varepsilon_0 \cdot x} - \frac{e^2}{8\pi\varepsilon_0(b-x)} - eE_x \tag{9-38}$$

当电场 E 较大时,式(9-38)右边的第三项可忽略不计,它的最大值 $\Phi'_{\max}$ 是

$$\Phi'_{\max} = \Phi - \sqrt{\frac{e^3}{2\pi\varepsilon_0}} \cdot \sqrt{E} \tag{9-39}$$

把 $\Phi'_{\max}$ 代入式(9-34)中可得到对热电子发射理论修正后的电阻率 ρ_T:

$$\rho_T = \frac{3h^3}{4\pi \cdot m \cdot e^2 \cdot kT \cdot b} \exp\left(\frac{\Phi - \sqrt{\frac{e^3}{2\pi\varepsilon_0}} \cdot \sqrt{E}}{kT} \right) \tag{9-40}$$

式(9-40)可以说明不连续金属膜电阻率与温度和电场的关系,但是与岛间距离的矛盾仍没有得到解决。

2) 激活隧道效应理论

这种理论是将热激活过程和隧道过程结合起来说明不连续薄膜中的电子传输过程。

激活过程是将电子从一个中性小岛传送到另一个中性小岛的过程。在电子传输时，要从外界得到能量，使系统能量增大。电子传输之后，一个小岛带正电，另一个小岛带负电，其静电能量即激活能 $E_S = e^2/(\varepsilon_0 \cdot r)$，其中 r 是小岛半径，ε_0 是真空介电常数。隧道过程是当两个小岛相距非常近时，除能量大于 E_S 的电子可从一个小岛跃迁到另一个小岛之外，能量小于 E_S 的电子像穿过隧道一样也可以从一个小岛跃迁到另一个小岛。若隧道的位垒高度为 W，电子动能为 E_k 且 $E_k < W$，则电子通过隧道的穿透系数 D 为

$$D = e^{\frac{-4\pi b}{k}\sqrt{2m(W-E_k)}} \tag{9-41}$$

式中，b 为小岛间的距离，即隧道位垒宽度。

考虑到镜像力和外加电场 E 的作用对激活能 E_S 进行修正，E_S 可改写为

$$E_S = \frac{e^2}{4\pi\varepsilon_0}\left(\frac{1}{r} - \frac{1}{r+b}\right) - e \cdot E \cdot b \tag{9-42}$$

在纯隧道过程中，电子从 A 岛向 B 岛跃迁时单位面积传输概率 P 等于 A 岛满态数(施主)乘以 B 岛空态数(受主)再乘以穿透系数：

$$P = \int_{-\infty}^{+\infty} D \cdot f_A (1 - f_B) \cdot dE \tag{9-43}$$

如果在 A、B 两个小岛间施加电场 B(电压为 V)，且电场方向为从 B 向 A，A 岛位垒上升 eV，B 岛位垒下降 eV，B 岛电子分布函数 f_B 为

$$f_B = \frac{1}{\exp\left(\dfrac{E_S + eV}{kT}\right)} \tag{9-44}$$

一个电子从 A 岛传输到 B 岛的概率 P_{AB} 为

$$P_{AB} = \int_{-\infty}^{+\infty} D \cdot \frac{1}{1+\exp[E_S/(kT)]} \cdot \left[1 - \frac{1}{1+\exp\left(\dfrac{E_S+eV}{kT}\right)}\right] \tag{9-45}$$

一个电子从 B 岛传输到 A 岛的概率 P_{BA} 为

$$P_{BA} = \int_{-\infty}^{+\infty} D \cdot \frac{1}{1+\exp[E_S/(kT)]} \cdot \left[1 - \frac{1}{1+\exp\left(\dfrac{E_S-eV}{kT}\right)}\right] \tag{9-46}$$

在 x 轴方向上的净传输概率 $P = P_{AB} - P_{BA}$。当外加电压 V 较小时，能级移动较小，穿透系数 D 可看作常数(隧道位垒高度 W 中有电场作用项)，则净传输概率 P 为

$$P = D \cdot eV \tag{9-47}$$

若小岛面积为 πr^2，则单位时间从 A 岛向 B 岛的传输概率 P' 为

$$P' = \frac{1}{\tau} = P \cdot \pi \cdot r^2 = D \cdot eV \cdot \pi r^2 \tag{9-48}$$

电子传输速率 $v = b/\tau$，电子迁移率 $\mu = v/E$，可求出电子迁移率 μ 为

$$\mu = \frac{v}{E} = \pi r^2 \cdot e \cdot b^2 \cdot D \tag{9-49}$$

若小岛为球形，则其体积为 $4\pi r^3/3$，小岛个数为 N，热平衡时电子密度 $n = N\exp[-E_S/(kT)]$，则小岛上电子密度 n_a 为

$$n_a = \frac{n}{N \cdot 4\pi r^3/3} = \frac{3}{4\pi r^3}\exp[-E_S/(kT)] \tag{9-50}$$

将式(9-49)和式(9-50)代入电阻率 $\rho = 1/(n \cdot e \cdot \mu)$ 后，可得到激活隧道理论电阻率表达式为

$$\rho_T = \frac{4}{3} \cdot \frac{r}{b^2} \cdot \frac{1}{e} \cdot \exp\left(\frac{E_S}{kT}\right) \cdot e^{\frac{4\pi \cdot b}{k}\sqrt{2m(W-E_k)}} \tag{9-51}$$

式中，隧道位垒 W 包括有功函数、镜像位垒和电场作用。

与热电子发射理论电阻率 ρ_T 表达式(9-40)相比，式(9-51)不但解答了不连续金属膜电阻率与温度和电场的关系，还解决了电阻率与小岛尺寸和岛间距离的问题。当小岛半径 r 增大时，因电子密度 n_a 下降，所以电阻率增大。当岛间距离 b 增大时，因指数项起主导作用，所以电阻率也增大。

9.4 薄膜的电学性能测量

四探针法又称为四端电阻法，其结构示意图如图 9-3 所示。四探针法基于基尔霍夫电流定律和基尔霍夫电压定律实现薄膜电阻率的测量。由基尔霍夫电流定律可知，进入被测器件的电流等于离开被测器件的电流之和。因此，在四探针法测试中，可以通过测量两个端口的电流之和得到进入被测器件的电流。由基尔霍夫电压定律可知，在一个节点处，各个分支电压之和等于零。因此，在四探针法测试中，可以通过测量两个端口的电压之和得到被测器件的电压，然后根据欧姆定律，电阻等于电压除以电流。因此，在四探针法测试中，可以通过测量被测器件的电流和电压，计算得到被测器件的电阻。

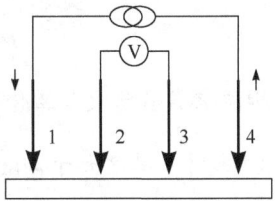

图 9-3 四探针探测示意图

在利用四探针法进行测试时，首先需要将四根排成一条直线的探针以一定的压力垂直地压在被测样品表面上，在 1、4 探针间通以电流 I(mA)，2、3 探针间就产生一定的电压 V(mV)。测量此电压并根据测量方式和样品的尺寸不同，可分别按照公式计算样品的方块电阻、电阻率、电阻。四探针法是一种广泛应用于微电子领域的薄膜电阻测试技术，

具有测量精度高、可靠性好、操作简便等优点。

1. 薄膜方块电阻 $R_\square$

薄膜方块电阻 $R_\square$ 为

$$R_\square = \frac{V}{I} \times F(D/S) \times F(W/S) \times F_{sp} \tag{9-52}$$

式中，D 为样品直径(cm 或 mm)；S 为平均探针间距(cm 或 mm)，与样品直径 D 单位一致；W 为样品的厚度(cm)，在 $F(W/S)$ 中要与 S 单位一致；F_{sp} 为探针间距修正系数；$F(W/S)$ 为样品厚度修正因子，当 $W/S < 0.4$ 时，$F(W/S) = 1$，当 $W/S > 0.4$ 时，$F(W/S)$ 值可通过查表获得；$F(D/S)$ 为样品直径修正因子，当 $D \to \infty$ 时，$F(D/S) = 4.532$，有限直径下的 $F(D/S)$ 可由表查出；电流 I 为探针 1 与 4 之间流过的电流值(mA)，电压 V 为探针 2 与 3 之间的电压值(mV)。

1) 双面扩散层方块电阻

按无穷大直径处理，此时 $F(D/S) = 4.532$，由于扩散层厚度 W 远远小于探针间距，故 $F(W/S) = 1$，则有

$$R_\square = 4.532 \times \frac{V}{I} \times F_{sp} \tag{9-53}$$

2) 单面扩散层、离子注入层、反型外延层方块电阻

此时，$F(D/S)$ 值应根据 D/S 值从表中查出。另外，由于扩散层、注入层厚度 W 远远小于探针间距，故 $F(W/S) = 1$，则有

$$R_\square = \frac{V}{I} \times F(D/S) \times F_{sp} \tag{9-54}$$

2. 薄圆片(厚度≤4mm)电阻率

薄圆片(厚度≤4mm)电阻率为

$$\rho = \frac{V}{I} \times F(D/S) \times F(W/S) \times W \times F_{sp} \tag{9-55}$$

相关参数的含义与单位参照式(9-52)。

3. 棒材或厚度大于 4mm 的厚片电阻率 ρ

当探头的任一探针到样品边缘的最近距离不小于 $4S$ 时，测量区的电阻率为

$$\rho = \frac{V}{I} \times C \tag{9-56}$$

式中，$C = 2\pi S$ 为探针系数(cm)，即四探针头合格证上的 C 值；S 的取值来源于：$1/S = 1/S_1 + 1/S_3 - 1/(S_1 + S_3) - 1/(S_2 + S_3)$，$S_1$ 为 1、2 探针的间距(cm)，S_2 为 2、3 探针的间距(cm)，S_3 为 3、4 探针的间距(cm)；I 为 1、4 探针流过的电流值(mA)；V 为 2、3 探针间取出的电压值(mA)。

4. 电阻的测量

应用恒流测试法，电流由样品两端流入，同时测量样品两端压降。薄膜样品的电阻为

$$R = V / I \tag{9-57}$$

式中，I 为样品两端流过的电流值(mA)；V 为样品两端取出的电压值(mV)。

习　题

1. 0K 时，哪些因素会影响薄膜的电学性能？
2. 薄膜的厚度达到什么量级时，电学性能会受到上下表面的影响？
3. 热电子发射理论的不足是什么？
4. 影响薄膜方块电阻的因素有哪些？

参 考 文 献

陈立登, 1995. 半导体中的杂质和缺陷[M]//师昌绪. 材料科学技术百科全书, 北京: 中国大百科全书出版社.

邓志杰, 2001. 半导体中的缺陷[M]//万群, 吕其春. 金属材料-中国冶金百科全书. 北京: 冶金工业出版社.

邓志杰, 郑安生, 2004. 半导体材料[M]. 北京: 化学工业出版社.

江雷, 2015. 仿生智能纳米材料[M]. 北京: 科学出版社.

李强, 应云斌, 仇旻, 2024. 热辐射方向调控研究进展(特邀)[J]. 光学学报, 44(19): 29-40.

MURTY B S, P. SHANKAR P, BALDEV R, et al., 2014. 纳米科学与纳米技术[M]. 谢娟, 王虎, 张晗凌, 译. 北京: 科学出版社.

田民波, 李正操, 2011. 薄膜技术与薄膜材料[M]. 北京: 清华大学出版社.

杨邦朝, 王文生, 1994. 薄膜物理与技术[M]. 成都: 电子科技大学出版社.

杨德仁, 2010. 半导体材料测试与分析[M]. 北京: 科学出版社.

张邦维, 2009. 纳米材料物理基础[M]. 北京: 化学工业出版社.

赵宝升, 1998. 真空技术[M]. 北京: 科学出版社.

郑伟涛, 2007. 薄膜材料与薄膜技术[M]. 北京: 化学工业出版社.

ADAMS R O, NORDIN C W, 1989. The structure of beryllium films[J]. Thin solid films, 181(1/2): 375-381.

AJAYI O B, AKANNI M S, LAMBI J N, et al., 1986. Preparation and optical characterization of pyrolytically deposited thin films of some metal oxides[J]. Thin solid films, 138(1): 91-95.

AMAR J G, FAMILY F, 1993. Deterministic and stochastic surface growth with generalized nonlinearity[J]. Physical review e, 47(3): 1595-1603.

BANERJEE A, BARTHWAL S K, CHOPRA K L, 1976. Design of a bent beam electron gun for evaporation[J]. Review of scientific instruments, 47(11): 1410-1411.

BEZUIDENHOUT D F, PRETORIUS R, 1986. The optical properties of evaporated Y_2O_3 films[J]. Thin solid films, 139(2): 121-132.

BROWN S C, HOLT E H, 1968. Introduction to electrical discharges in gases[J]. American journal of physics, 36(9): 854.

CAMPBELL D S, HENDRY B, 1965. The effect of composition on the temperature coefficient of resistance of NiCr films[J]. British journal of applied physics, 16(11): 1719.

CASTELLANO R, NOTIS M, SIMMONS G, 1977. 1.6 Composition and stress state of thin films deposited by ion beam sputtering[J]. Vacuum, 27(3): 109-117.

CHAI J L, FAN J T, 2023. Solar and thermal radiation-modulation materials for building applications[J]. Advanced energy materials, 13(1): 2202932.

CHOPRA K L, 1969. Thin film phenonena[M]. New York: McGraw Hill.

CHOPRA K L, RANDLETT M R, 1967. Duoplasmatron ion beam source for vacuum sputtering of thin films[J]. Review of scientific instruments, 38(8): 1147-1151.

DANNENBERG R, KING A H, 2000. Behavior of grain boundary resistivity in metals predicted by a two-dimensional model[J]. Journal of applied physics, 88(5): 2623-2633.

ECE M, VOOK R W, 1989. Y-Ba-Cu-O thin films prepared by flash evaporation[J]. Applied physics letters, 54(26): 2722-2724.

ELLIS S G, 1967. Flash evaporation and thin films of cuprous sulfide, selenide, and telluride[J]. Journal of applied physics, 38(7): 2906-2912.

ENGELHARDT J J, WEBB G W, 1976. Variation of properties of superconducting Nb_3Ge prepared by chemical vapor deposition[J]. Solid state communications, 18(7): 837-840.

FANG Y K, HSU S L, 1985. Observations on the phase transformation and its effect on the resistivity of WSi2 films prepared by low-pressure chemical vapor deposition[J]. Journal of applied physics, 57(8): 2980-2982.

FEENSTRA R, BOATNER L A, BUDAI J D, et al., 1989. Epitaxial superconducting thin films of $YBa_2Cu_3O_7-x$ on KTaO3 single crystals[J]. Applied physics letters, 54(11): 1063-1065.

FUCHS K, MOTT N F, 1938. The conductivity of thin metallic films according to the electron theory of metals[J]. Proceedings of the cambridge philosophical society, 34(1): 100.

GOLDENFELD N, 1984. Kinetics of a model for nucleation-controlled polymer crystal growth[J]. Journal of physics a: mathematical and general, 17(14): 2807-2821.

HATTANGADY S V, FOUNTAIN G G, RUDDER R A, et al., 1989. Low hydrogen content silicon nitride deposited at low temperature by novel remote plasma technique[J]. Journal of vacuum science & technology a: vacuum, surfaces, and films, 7(3): 570-575.

HESS D, 1986. Plasma-surface interactions in plasma-enhanced chemical vapor deposition[J]. Annual review of materials research, 16: 163-183.

HINES R L, WALLOR R, 1961. Sputtering of vitreous silica by 20- to 60-kev Xe+ ions[J]. Journal of applied physics, 32(2): 202-204.

HUSE D A, HENLEY C L, 1985. Pinning and roughening of domain walls in Ising systems due to random impurities[J]. Physical review letters, 54(25): 2708-2711.

KASHCHIEV D, 1977. Growth kinetics of dislocation-free interfaces and growth mode of thin films[J]. Journal of crystal growth, 40(1): 29-46.

KAY E, 1963. Magnetic field effects on an abnormal truncated glow discharge and their relation to sputtered thin-film growth[J]. Journal of applied physics, 34(4): 760-768.

KE Y J, YIN Y, ZHANG Q T, et al., 2019. Adaptive thermochromic windows from active plasmonic elastomers[J]. Joule, 3(3): 858-871.

KHARE N, RAZZINI G, BICELLI L P, 1990. Electrodeposition and heat treatment of CuIn Se2 films[J]. Thin solid films, 186(1): 113-128.

KLINKENBERG B, 1992. Fractals and morphometric measures: is there a relationship?[J]. Geomorphology, 5(1/2): 5-20.

KNUDSEN M, 1915. Die maximale verdampfungsgeschwindigkeit des quecksilbers[J]. Annalen der physik, 352(13): 697-708.

KRUG J, SPOHN H, 1989. Anomalous fluctuations in the driven and damped sine-Gordon chain[J]. Europhysics letters (EPL), 8(3): 219-224.

LEMMOND C Q, STAUFFER L H, 1964. Energy beams as working tools[J]. IEEE spectrum, 1(7): 66-80.

LUCOVSKY G, RICHARD P D, TSU D V, et al., 1986. Deposition of silicon dioxide and silicon nitride by remote plasma enhanced chemical vapor deposition[J]. Journal of vacuum science & technology a: vacuum, surfaces, and films, 4(3): 681-688.

MAST M, GINDELE K, KÖHL M, 1985. Ni/MgF_2 cermet films as selective solar absorbers[J]. Thin solid films, 126(1/2): 37-42.

MAYADAS A F, SHATZKES M, 1970. Electrical-resistivity model for polycrystalline films: the case of arbitrary reflection at external surfaces[J]. Physical review b, 1(4): 1382-1389.

MBOW C M, LAPLAZE D, CACHARD A, 1982. Thin $Cd_{1-x}Zn_xS$ films evaporated by electron bombardment I: structure of the films[J]. Thin solid films, 88(3): 203-209.

MOSHER D M, SOUKUP R J, 1982. The fabrication of both n-type and p-type GaAs thin films deposited by troide sputtering[J]. Thin solid films, 98(3): 215-228.

MULLINS W W, 1957. Theory of thermal grooving[J]. Journal of applied physics, 28(3): 333-339.

NAIR P K, NAIR M T S, 1987. Prospects of chemically deposited Cds thin films in solar cell applications[J]. Solar cells, 22(2): 103-112.

NIKLASSON G A, 1985. Optical properties of cobalt-doped amorphous aluminum oxide[J]. Journal of applied physics, 57(1): 157-158.

NYAIESH A R, 1981. The characteristics of a planar magnetron operated at a high power input[J]. Thin solid films, 86(2/3): 267-277.

PATTEN J W, MOSS R W, 1981. Effects of O/sub 2/addition on the growth of columnar shadowing defects in sputtered Ni[R]. Richland, WA: Pacific Northwest Lab.

PLISCHKE M, RÁCZ Z, 1984. Active zone of growing clusters: diffusion-limited aggregation and the Eden model[J]. Physical review letters, 53(5): 415-418.

RAKHSHANI A E, VARGHESE J, 1988. Potentiostatic electrodeposition of cuprous oxide[J]. Thin solid films, 157(1): 87-96.

RAVIENDRA D, SHARMA J K, 1985. Electroless deposition of Sno2 and antimony doped SnO_2 films[J]. Journal of physics and chemistry of solids, 46(8): 945-950.

RICHARD P D, MARKUNAS R J, LUCOVSKY G, et al., 1985. Remote plasma enhanced CVD deposition of silicon nitride and oxide for gate insulators in (In, Ga)As FET devices[J]. Journal of vacuum science & technology a: vacuum, surfaces, and films, 3(3): 867-872.

ROBERTS G G, VINCETT P S, BARLOW W A, 1981. Technological applications of Langmuir-blodgett films[J]. Physics in technology, 12(2): 69-75.

RON Y, RAVEH A, CARMI U, et al., 1983. Deposition of silicon nitride from $SiCl_4$ and NH_3 in a low pressure r.f. plasma[J]. Thin solid films, 107(2): 181-189.

SCHABOWSKA E, ŚCIGAŁA R, 1986. Electrical conduction in Cr-SiO cermet thin films[J]. Thin solid films, 135(2): 149-156.

SEN S, BOSE D N, 1981. Preparation and electrical properties of Ga_2Te_3 thin films[J]. Physica status solidi (a), 66(2): K117-K119.

SERIKAWA T, OKAMOTO A, 1985. Sputter depositions of silicon film by a planar magnetron cathode equipped with three targets[EB/OL]. https://pubs.aip.org/avs/jva/article-abstract/3/4/1784/244369/Sputter-depositions-of-silicon-film-by-a-planar[2024-12-19].

SINGH P, BAISHYA B, 1987. Thin film transistors with Er_2O_3 gate insulators[J]. Thin solid films, 148(2): 203-207.

SIRCAR P, 1988. Growth of CdTe on GaAs by electrodeposition from an aqueous electrolyte[J]. Applied physics letters, 53(13): 1184-1185.

SONDHEIMER E H, 1952. The mean free path of electrons in metals[J]. Advances in physics, 1(1): 1-42.

SPENCER A, OKA K, HOWSON R, et al., 1988. Activation of reactive sputtering by a plasma beam from an unbalanced magnetron[J]. Vacuum, 38(8/9/10): 857-859.

SUN R C, TISONE T C, CRUZAN P D, 1975. The origin of internal stress in low–voltage sputtered tungsten films[J]. Journal of applied physics, 46(1): 112-117.

SUNDARAM K B, BHAGAVAT G K, 1981. Chemical vapour deposition of tin oxide films and their electrical properties[J]. Journal of physics d: applied physics, 14(2): 333-338.

THORNTON J A, 1981. High rate sputtering techniques[J]. Thin Solid Films, 80(1/2/3): 1-11.

TIMMER B, OLTHUIS W, VAN DEN BERG A, 2005. Ammonia sensors and their applications: a review[J].

Sensors and actuators b: chemical, 107(2): 666-677.

TRYKOZKO R, BACEWICZ R, FILIPOWICZ J, 1984. Photoelectrical properties of CuInSe$_2$ thin films[J]. Progress in crystal growth and characterization, 10: 361-364.

VANCEA J, 1989. Unconventional features of free electrons in polycrystalline metal films[J]. International journal of modern physics b, 3(10): 1455-1501.

VANCEA J, REISS G, HOFFMANN H, 1987. Mean-free-path concept in polycrystalline metals[J]. Physical review b, 35(12): 6435-6437.

VISSCHER W, BARENDRECHT E, 1983. Anodic oxide films of nickel in alkaline electrolyte[J]. Surface science, 135(1/2/3): 436-452.

WASA K, HAYAKAWA S, 1969. Low pressure sputtering system of the magnetron type[J]. Review of scientific instruments, 40(5): 693-697.

WIECZOREK C, 1985. Chemical vapour deposition of tantalum disilicide[J]. Thin solid films, 126(3/4): 227-232.